U0258259

坦克模型旧化指南

杨 威 著

机械工业出版社
CHINA MACHINE PRESS

模型的旧化技法是所有模型制作者非常关心的一个话题，一个简单且实用的旧化流程是每位模型制作者都非常期待的"制作宝典"。作为一本教程类书籍，本书分别从制作思路、模型拼装、旧化过程、技法推广等几个方面进行了详细介绍。前 4 章的制作方法难易度按照坦克模型的旧化程度逐渐递增，第 5 章是将前面介绍的技法互相补充、充分结合的一个综合样例，希望通过"阶梯"式的教程加上最后的综合应用，使书中的每一个章节都能够让您在旧化自己的模型作品时有所参考借鉴，帮助您打造出更加逼真、富有历史感的模型作品。

图书在版编目（CIP）数据

坦克模型旧化指南 / 杨威著. -- 北京：机械工业出版社，2024. 12. -- ISBN 978-7-111-77217-0

Ⅰ．TS958.1-62

中国国家版本馆CIP数据核字第2024G4V174号

机械工业出版社（北京市百万庄大街22号　邮政编码100037）
策划编辑：苏　洋　韩伟喆　　责任编辑：苏　洋　韩伟喆
责任校对：郑　雪　牟丽英　　责任印制：常天培
北京宝隆世纪印刷有限公司印刷
2025年1月第1版第1次印刷
210mm×285mm・9.75印张・2插页・148千字
标准书号：ISBN 978-7-111-77217-0
定价：89.00元

电话服务　　　　　　　　　网络服务
客服电话：010-88361066　　机　工　官　网：www.cmpbook.com
　　　　　010-88379833　　机　工　官　博：weibo.com/cmp1952
　　　　　010-68326294　　金　书　网：www.golden-book.com
封底无防伪标均为盗版　　机工教育服务网：www.cmpedu.com

一个优秀的模型旧化作品应具有三种特征。

1. 模型写实化

旧化模型受欢迎的重要原因是它拥有超高拟真度，可认真的爱好者们会发现，当你拿着现实中的坦克照片去比对坦克旧化模型时，还会发现很多不同，坦克模型旧化作品往往在泥垢、磨损、战损方面比实际做得更夸张。优秀模型作品的诞生往往更需要凭借作者丰富的想象力，用适当的艺术表现手法才能够有效传递和表达作者的思路，让模型更加"拟真"。有效完整的模型旧化技法是让模型更加"拟真"的必要条件。

2. 故事情景化

据各大模型爱好者论坛统计，与其他题材相比而言，两次世界大战的军模关注度始终排在前列。通过旧化技法复原当时经过实战的坦克与士兵，用烟尘和伤痕累累的坦克来表述那些士兵与他们的坦克的故事，可以给予作品强大的情景表现力，站在泥泞里奋勇前进的士兵最能表现出作品的时代背景。通过旧化技法制作的坦克和士兵更具有故事感，能赋予作品深层次的灵魂，表达作者对时代的认识和理解。

3. 空间延展化

矗立在坦克边的断壁残垣，散落在四周的瓦砾碎片，遍布在各处的弹坑……这些通过旧化技法制作后的模型场景，将写实与复原的情景烘托到极致。模型作品中识别度最高的并非是某一个制作精良的个体，而是整体作品所突出的表现力和冲击力。成熟且恰当的旧化技法可以让整体模型空间得到延展，让作品充满力量，同时赋予作品性格，令观赏者赏心悦目。

本书在完成过程中得到了很多模型爱好者的关注和支持，在此对刘畅、钟翔飞、黄通给予本书的帮助，以及母亲郝冬莉、妻子吕佳岭、女儿杨柳伊给予的支持表示由衷的感谢！

千里之行，始于足下，让我们来了解和学习坦克模型旧化技法吧！

前言

第 1 章　旧化材料、工具

第 2 章　轻度旧化样例：二号坦克及场景制作

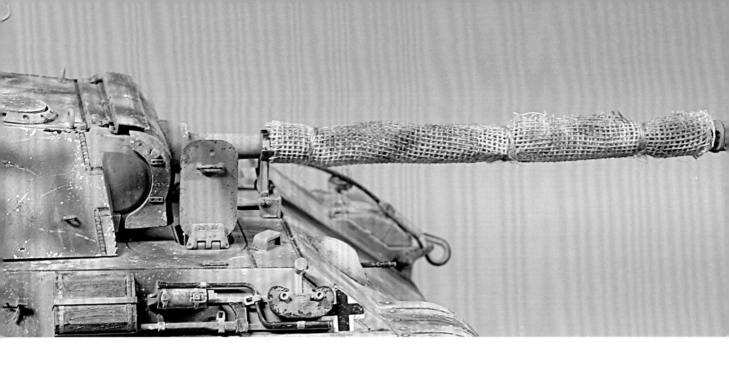

第3章 中度旧化样例：豹式坦克 及场景制作

第4章 重度旧化样例：GAZ卡车、LT-35坦克及场景制作

第 5 章 综合旧化样例：
T-34/85 坦克及场景制作

第1章
旧化材料、工具

1.1　油画颜料及其稀释液

利用油画颜料渗透性强的特点，我们可以通过用适量稀释油画颜料来填充模型凹陷缝隙的颜色，完成既定制作目的。油画颜料充分稀释后，利用其颜色的通透性可将模型做一层滤镜效果，统一整体色调。在使用过程中，要掌握油画颜料的不同稀释程度所带来的不同效果。油画颜料的稀释液可以选择无味松节油，特点是干燥速度慢，易于颜色调整，也可选择煤油类，如打火机油，特点是干燥较快，便于速涂。田宫模型出品的珐琅颜料和溶剂，也可作为此类产品使用，优点是附着性更好，但有刺激性气味，使用时要做好一定的防护。

使用产品如图1-1与图1-2所示。

图1-1　无味松节油

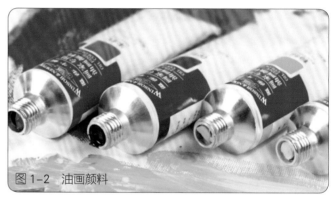

图1-2　油画颜料

1.2　模型漆

模型漆是旧化模型所必需的基础涂料，主要有硝基漆（油性漆）、水性亚克力漆（田宫等品牌）、环保水性漆（AV等品牌），几种涂料需搭配使用才能达到效果。三种模型漆各有特点，硝基漆喷涂后附着性好，漆膜颗粒小，通常作为上色底漆首选，但刺激性气味较大，使用时一定要佩戴防护面罩并且在通风环境下进行操作。

硝基漆（油性漆）如图1-3所示。

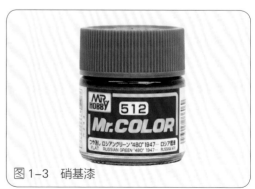

图1-3　硝基漆

田宫出品的亚克力模型漆，在全世界范围内知名度极高。这种模型漆的特点是颜色全，易于操作，喷涂后消光或亮光效果明显，一般作为面漆使用。如果要作为底漆的话，最好能在油性水补土上面喷涂，这样可以大大提升漆面的附着性。另外，这种模型漆虽然刺激性气味较小，但使用时还是建议在通风环境中，并做好基本防护。

水性亚克力漆如图1-4所示。

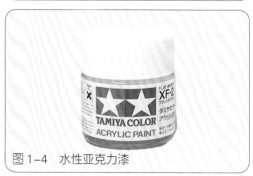

图1-4　水性亚克力漆

　　环保水性漆近几年受到广大模型制作者的欢迎，主要是因为它使用起来没有刺激性气味，更加环保。笔涂环保水性漆还具有自流平的特点，能有效消除笔涂的痕迹，所以模型的笔涂部分都可以用此种漆来操作。

　　环保水性漆如图1-5所示。

图 1-5　环保水性漆

1.3　画笔

　　模型制作过程中各种尺寸的画笔必不可少。建议000号的画笔可备2支以上，尼龙毛和貂毛的画笔可以各备一套，如图1-6所示。

1.4　模型用天然土

　　模型用的天然土具有一定的滤色和罩染的作用，是浮土和泥泞调色的最佳工具，如图1-7所示。

1.5　其他辅助旧化材料

　　海绵、石膏、硬毛笔（牙刷）、发胶、棉签、纸巾、烘焙纸等辅助型工具和材料，此类工具和材料在书中使用时会有相关提示。另外，旧化制作是以优秀素组、扎实的喷涂为基础的，因此模型组装和喷涂设备必不可少，由于篇幅限制，这里不做过多介绍，请读者自行准备。

图 1-6　面相笔

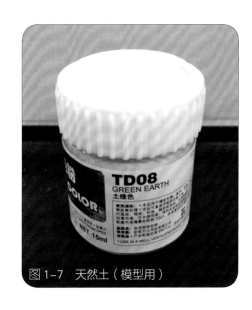

图 1-7　天然土（模型用）

第 2 章

轻度旧化样例：
二号坦克及场景制作

历史背景：1940年，德军最高统帅部正式采纳了曼施坦因的建议，德军主力将翻越阿登山区，攻击荷兰、比利时、卢森堡和法国北部，然后从西、北两个方向进攻巴黎。在法国精心构筑的马其诺防线正面，德军组织佯攻，牵制当面之敌，等到主力攻占巴黎，并推进至该防线侧后时，再发起进攻，与主力前后夹击，聚歼敌军。

制作思路：1940年的一个清晨，一座法国边境村庄的寂静被一辆辆德国坦克打破，部分村民走出家门看到了行进中的德军。由于战争进展顺利，德军坦克主体并未见过多损耗，整体旧化以浮土为主，以天然土旧化为主要表现方式。

板件选择：田宫模型二号坦克（35292）、MiniArt（36050）、威龙军官组（6213）。

2.1　组装二号坦克

本次选择的套件为田宫模型二号坦克，可以做成A/B/C三种型号，这里我们做成封绘的A型样式，如图2-1、图2-2所示。

本款模型秉承田宫模型的优良传统，开模简单且板件数量不多。同时配有排气管罩蚀刻片，如图2-3所示。

板件自带半拼接履带，有履带下垂的质感，可以给模型提升真实感，省去了后期履带改造的时间，如图2-4所示。

图2-1　田宫模型二号坦克封绘1

图2-2　田宫模型二号坦克封绘2

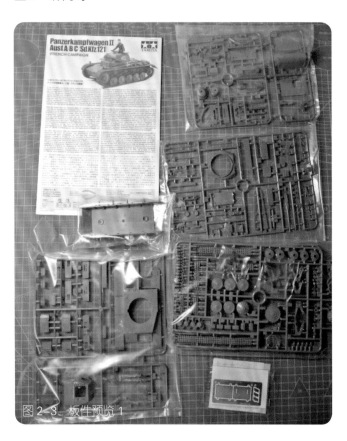

图2-3　板件预览1

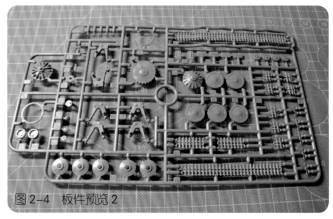

图2-4　板件预览2

　　三种陆轮的组装注意零件编号不要装错，尤其是扭杆部分。零件的编号不同，请仔细查看说明书，如图2-5所示。

　　在组装完陆轮后，可以放在水平面上查看是否所有轮子都能保持水平。如轮子出现有高有低的情况，请及时检查零件安装是否正确，在模型胶水完全凝固之前尽快调整，如图2-6至图2-8所示。

　　德军坦克外部的小部件数量偏多，小心处理这些零件，上下车体组装，建议使用流缝胶水操作更为便捷，如图2-9与图2-10所示。

　　车体的小零件需要在坦克打孔后才能安装，这里需要用手钻按照涂装说明来钻孔。二号坦克细小零件虽然不多，但仍需仔细处理。与车体黏合点较小的零件，如车灯、天线收纳槽等可以等到车体组装完成后最后添加，以免造成零件掉落，如图2-11至图2-13所示。

图 2-5

图 2-6

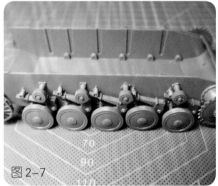

图 2-7

图 2-8

图 2-9

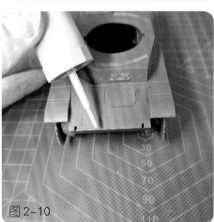

图 2-10

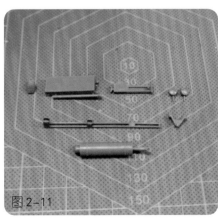

图 2-11

图 2-12

图 2-13

坦克模型旧化指南

　　田宫模型整体组装组合度良好。在坦克基本完成之后，可为其添加树脂包裹来增加模型细节丰富内容。包裹的内容为战争所需的物资，如油桶、水壶、钢盔等。这些都可以通过各自的涂装来丰富模型的表现力，配上场景后更加有代入感。同时我们也可一同欣赏下素组完成的坦克样式，如图2-14至图2-20所示。

图2-14

图2-15

图2-16

图2-17

图2-18

图2-19

图2-20

2.2　二号坦克涂装

2.2.1　喷涂底色及高光

先用郡士1200号水补土喷涂全车，之后采用田宫水性漆，给坦克整体喷涂德国灰底色。采用田宫水性漆 XF-63德国灰和XF-2消光白，按照4∶1调成，如图2-21至图2-23所示。

要注意喷涂中要把坦克轮子内侧等容易忽略掉的位置也喷涂上。整体主色喷涂完毕后，再用XF-63和 XF-2，按照2∶1的比例调成略浅的德国灰喷涂高光部位。喷涂过程和效果如图2-24至图2-26所示。

笔涂阴影和高光色。为了增强模型的立体感，选择更适合笔涂的AV漆德国灰（70995）和白色（70951）混色，将模型一些可分色的版块做出更大的色差，例如车体前部的盖板、侧面的观察孔等。可以参照用笔指出的几个位置，如图2-27至图2-29所示。

图 2-21　郡士 1200 号水补土

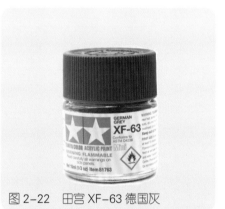

图 2-22　田宫 XF-63 德国灰

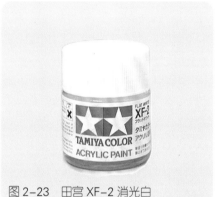

图 2-23　田宫 XF-2 消光白

图 2-24

图 2-25

图 2-26

图 2-27

图 2-28

图 2-29

　　坦克四周的观察窗、驾驶员舱盖以及与周边有高低落差的零部件，都可以做出相应色差，突出整体的立体感，如图2-30至图2-35所示。

图2-30

图2-31

图2-32

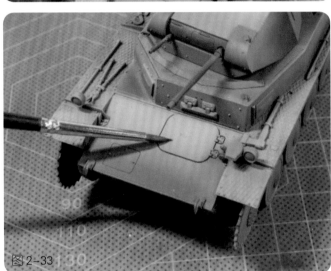

图2-33

图2-34

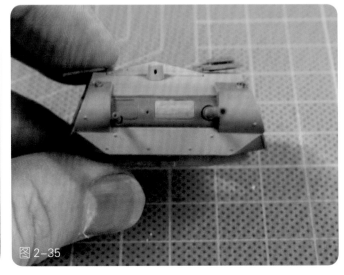

图2-35

坦克的车灯以及小舱盖等部位也要做出色差，如图2-36至图2-38所示。

毛笔指向的位置建议做出色差，丰富细节，如图2-39至图2-41所示。

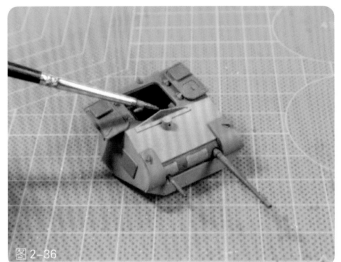
图2-36

图2-37

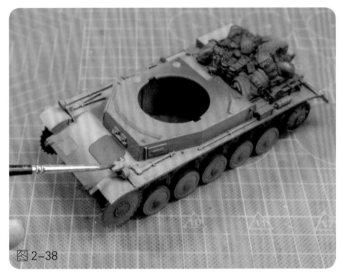
图2-38

图2-39

图2-40

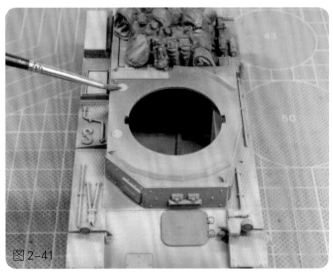
图2-41

坦克的工具箱盖和炮塔的各个接缝零件，做出色差后可以形成较好的立体效果，如图2-42至图2-46所示。

图2-42

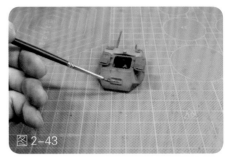

图2-43

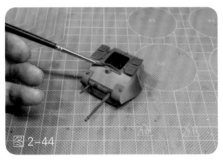

图2-44

图2-45

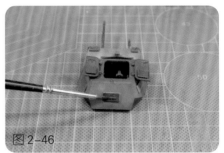

图2-46

2.2.2　车体零件的上色

选择AV漆橡胶色（78306）给负重轮上色，可以使用上色夹辅助操作。用上色夹固定零件，用笔涂颜色，如图2-47至图2-49所示。

选用田宫水性漆给车载工具上色，分别为铁枪银色（X-10）来画金属部分、沙漠黄色（XF-59）来画木柄部分，如图2-50至图2-54所示。

图2-47

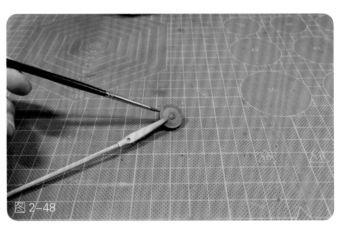

图2-48

图2-49

图2-50

图 2-51

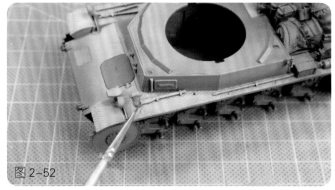

图 2-52

图 2-53

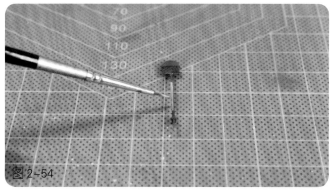

图 2-54

除去木柄外，坦克用千斤顶的枕木也是采用木质材料，同样采用沙漠黄色涂装，如图2-55与图2-56所示。

图 2-55

图 2-56

选用AV漆（70825）来画坦克内部零件，注意要涂均匀。树脂包裹的颜色可以按照图片样式灵活掌握，如图2-57至图2-59所示。

采用原野灰、红色、浅黄色分别涂装车载物品，彼此间颜色可以更加丰富些，如图2-60与图2-61所示。

图2-57

图2-58

图2-59

图2-60

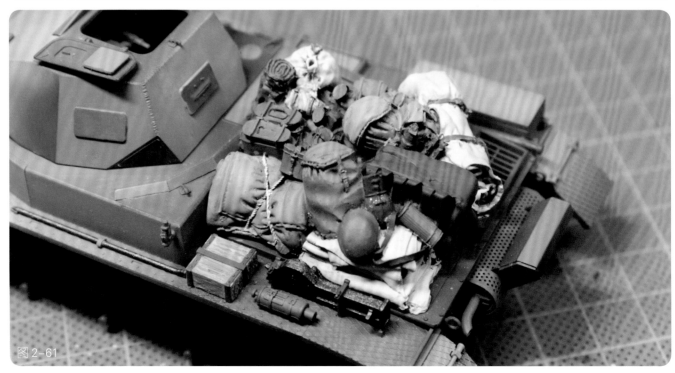

图2-61

2.3　二号坦克的旧化

2.3.1　渍洗

利用油画颜料稀释后流动性强的特点，可以进行全车涂抹。坦克的凹槽部分会被油画颜料所浸染，从而突出立体感，也能让坦克整体呈现出自然旧化的效果。

图 2-62

采用熟褐色油画颜料与松节油进行混合搅拌，建议油画颜料和松节油比例为1∶5。用毛笔涂抹全车，静置20分钟左右。用棉棒蘸取少量干净的松节油擦拭全车。此项操作会在坦克车体上留下少许擦痕来模拟旧化效果，如图2-62至图2-64所示。

擦拭的方向为由上至下垂直操作，选择棉花紧实一些的棉棒，以免棉丝残留在模型表面，如图2-65与图2-66所示。

图 2-63

图 2-64

图 2-65

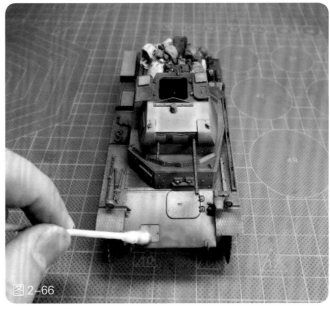

图 2-66

2.3.2　褪色

　　油画颜料稀释后会产生晕染，在模型表面留下滤镜般的色块，以此来模拟坦克的褪色效果。德国灰底色的可采用黄、蓝、白三种颜色进行晕染。用毛笔不规则地在坦克上点出斑点，如图2-67与图2-68所示。

　　用蘸有少量松节油的毛笔自上而下地刷出色块。注意这里不要让各种颜色完全混合，只需注意交界处自然过渡即可，如图2-69至图2-72所示。

图2-67

图2-68

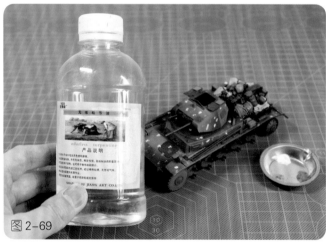

图2-69

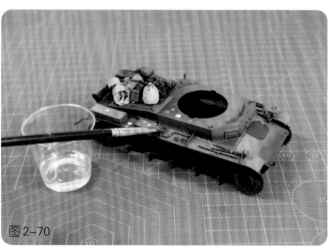

图2-70

图2-71

图2-72

静置模型直至表面不再湿润的干燥状态后再进行下一步操作。模型现在表面看起来有些突兀，甚至觉得整体有些违和。这些都会被后期的旧化所弱化，所以不必担心，如图2-73至图2-75所示。

2.3.3　上土旧化

上土旧化选用模型天然土。此类用品的特性类似于美术用的色粉，与色粉相比，颗粒更加细腻，且覆盖性和晕染性更强。使用松节油稀释后也可以起到类似渍洗的效果，操作时用笔戳到容易积聚尘土的地方即可。轮子的部分可以多加些尘土效果，如图2-76至图2-78所示。

图2-73

图2-74

图2-75

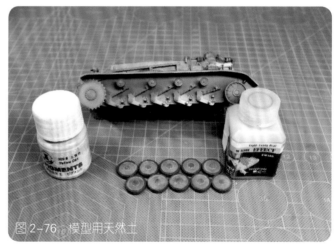

图2-76　模型用天然土

图2-77

图2-78

　　坦克车体的旧化部位集中在挡泥板、首上装甲以及垂直装甲和平面装甲的接缝处，如图2-79至图2-81所示。

　　附带的随车包裹等也要做轻微的涂抹，但不要过量。车体尾部操作效果，如图2-82至图2-84所示。

图2-79

图2-80

图2-81

图2-82

图2-83

图2-84

坦克履带也可以用天然土堆叠出浮尘效果，制作完成后再用银色油性马克笔或者油画颜料将履带外侧涂成银色，以此来模拟履带磨损的痕迹，如图2-85与图2-86所示。

图2-85

图2-86

2.4　法国村庄场景的制作

2.4.1　场景地台的制作

选择一个与套件模型尺寸类似的木托作为底盘，如图2-87至图2-89所示。

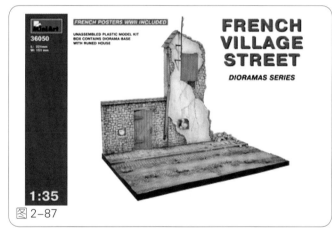

图2-87

图2-88

图2-89

如果地台边缘有缝隙，可用DAS石塑黏土填补缝隙，并刻出细节。为了防止上色时将边缘喷上颜料，可以将地台边缘进行遮盖，如图2-90至图2-93所示。

刻出的细节虽然与原板件开模有一定差异，经过后期的涂装旧化，可以解决这些问题，如图2-94至图2-96所示。

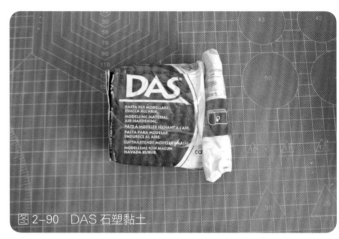

图2-90　DAS 石塑黏土

图2-91

图2-92

图2-93

图2-94

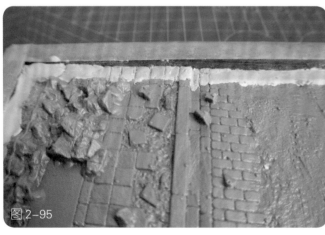

图2-95

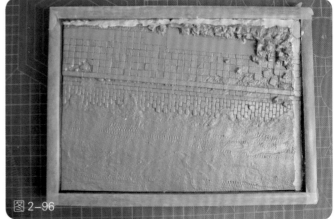

图2-96

　　将铺设好的地台用灰色水补土覆盖后，开始做地砖的色差涂装。为了让涂装效果更加明显，将上色区域喷成黑色。在此基础上，采用AV黑色（78950）和白色（70951）混合制成不同深浅的灰色，交错地涂在砖块上，如图2-97至图2-99所示。

　　当感到操作费力时，可以选用不同粗细的毛笔进行涂装、提高工作效率，如图2-100至图2-102所示。

图 2-97

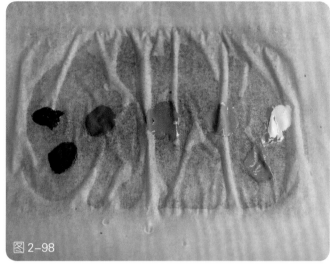

图 2-98

图 2-99

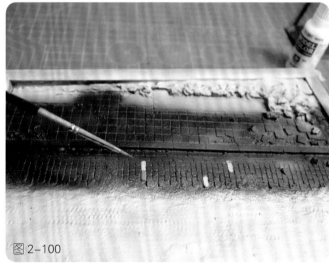

图 2-100

图 2-101

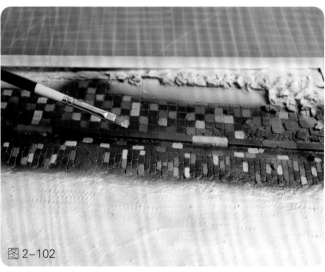

图 2-102

　　选择田宫水性漆XF-75整体罩喷涂色区域，减小色差，统一颜色，如图2-103与图2-104所示。

　　用白乳胶和黄土铺设地台的黄土。先把乳胶均匀涂抹在目标区域，之后撒上黄土，整体地台制作就完成了，效果如图2-105至图2-108所示。

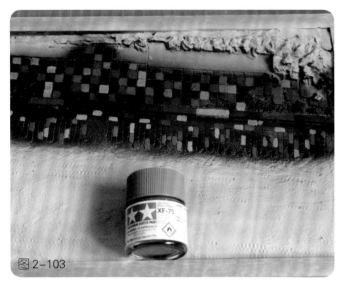

图2-103

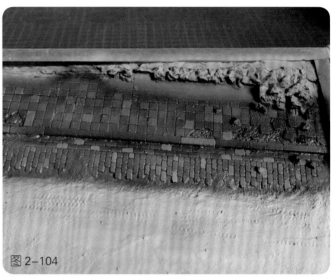

图2-104

图2-105

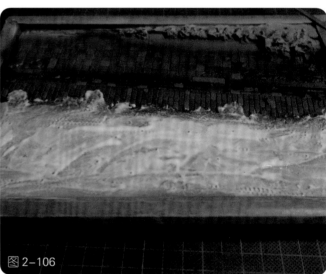

图2-106

图2-107

图2-108

2.4.2　场景建筑的制作

　　场景模型的建筑是非常能体现整体效果的重要部分，因此制作时需要格外注意细节。从板件上小心取下场景零件，可用刻刀加深板件边缘的刻线，如图2-109所示。

　　木门的制作并未给出详细的零件定位说明，可以参考图纸，找出合页和门把的大概位置进行黏合，同时也要注意木门的方向，不要弄反，如图2-110所示。

　　套件中给出的场景配件较多，这里选择一款排水管装在建筑上。组装好的排水管，外形还需要修正，直接用田宫的牙膏补土填充缝隙打磨。需要注意的是，要等到牙膏补土干透（10小时后）再进行打磨等后续操作。排水口用圆锥形锉刀进行修形，如图2-111至图2-114所示。

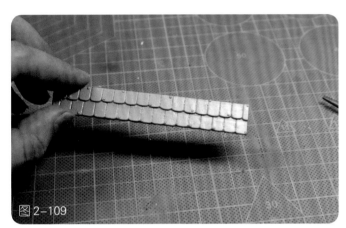

图 2-109

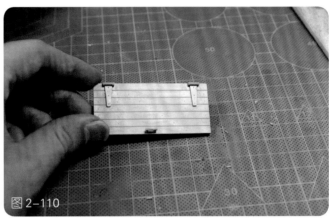

图 2-110

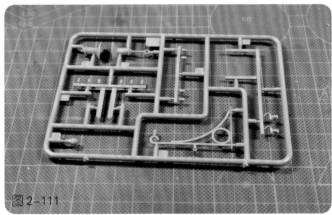

图 2-111

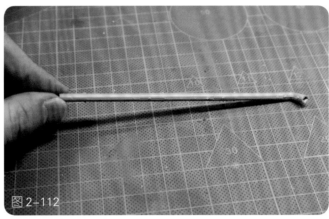

图 2-112

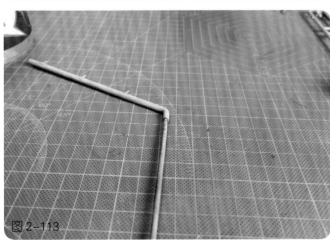

图 2-113

图 2-114

　　断墙场景经过两片贴合后喷上灰色水补土，在暴露墙体的裂缝处，喷上黑色，作预置阴影，如图2-115至图2-117所示。

　　建筑掉漆的效果采用食盐掉漆法，用湿润的毛笔蘸上食盐，不规则地用笔戳在建筑上，注意分布要随机，不要放在砖面暴露区。等10分钟左右食盐能够附着在模型上时，给模型上色（本样例颜色由绿色加蓝色调制成），如图2-118至图2-120所示。

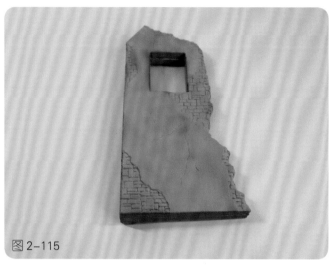

图2-115

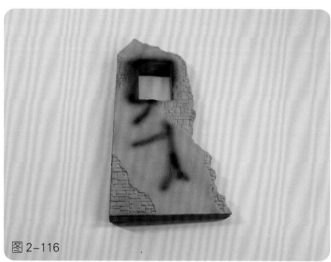

图2-116

图2-117

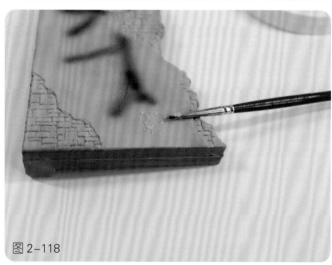

图2-118

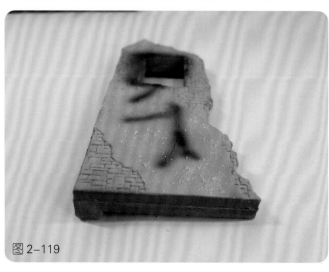

图2-119

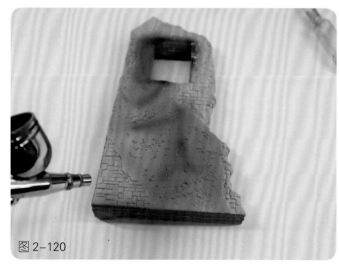

图2-120

待颜料干燥后，将食盐剥落，可以形成较为自然的掉漆磨损效果。注意喷涂的时候不要将颜料调得过稀，以免渗入食盐缝隙影响遮盖效果，如图2-121至图2-123所示。

图2-121

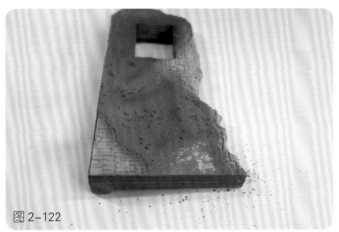

图2-122

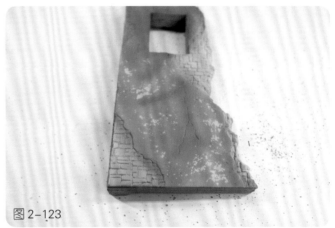

图2-123

2.4.3　场景兵人的制作

场景中的兵人是必不可少的，出众的兵人可以烘托气氛，也能够成为场景中的灵魂，赋予作品"生命"。本次的场景中，选择的是几位法国本地的村民、占领法国后的德军军官以及正在修改路标的两名宪兵。所用板件及编号为MiniArt35046、MiniArt38037、威龙6213，如图2-124至图2-126所示。

图2-124

图2-125

图2-126

组装兵人时，打磨非常重要，场景类的题材在组装阶段如果有少许组合度问题，通过后期的旧化还可以弥补，但兵人类的产品如果出现大的缝隙与合模线的话，会非常影响作品美观。因此，拿到兵人板件第一时间就应进行打磨并修正组合度。这个过程中要多次的拼合尝试，必要时使用AB补土和牙膏补土进行填缝，如图2-127至图2-129所示。

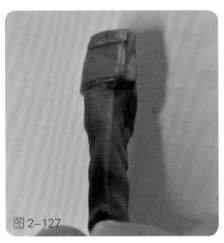

图2-127

图2-128

图2-129

兵人的配件武器也是影响最终效果的重要元素，不要忽略打磨修模。为了防止零件丢失，可以将其单独存放，如图2-130至图2-133所示。

图2-130

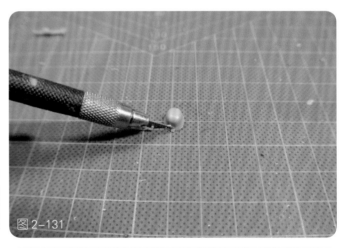

图2-131

图2-132

图2-133

以德军军官为例，这里使用AV水性漆进行涂装。军服以原野灰为主色，黑色加橄榄绿色为深色阴影，白色加非洲军服色为高光色，采用多层薄涂法进行操作。兵人的涂装比较考验耐心和技术，初学者可以先掌握最基本的上色原理，了解准确的上色位置后，再来学习高光和阴影的涂装方法。图片中给出了涂装德军军官兵人的基本用色，主要为服装和肌肤色，如图2-134至图2-136所示。

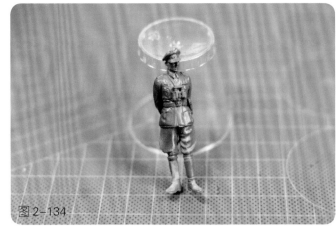

图2-134

图2-135

图2-136

二战中德军的服装主色在历史上也有很多变化，从灰色到近乎橄榄绿的服饰都能在资料中发现。为了突出对比度，本次涂装采用差异化的方式，上衣选择的是AV水性漆AV原野灰70830，裤子是AV70950和AV70951混合成的灰色。肤色基本色用皮肤AV70815，皮带用AV70950黑色，翻领用AV70888深绿色涂装，如图2-137至图2-140。

图2-137

图2-138

图2-139

图2-140

　　领章和服装上的标志用白色小心上色，如果涂出界，等颜料干后，用正确的颜色进行遮盖即可。AV漆的优点是可以反复遮盖且痕迹较小，如图2-141至图2-144所示。

　　兵人面部涂装要多加练习，尤其是眼睛的位置一定要找准，不然就算兵人面部的高光阴影再精彩，整体还会觉得很有违和感，如图2-143至图2-146所示。

图2-141

图2-142

图2-143

图2-144

图2-145

图2-146

　　帽徽和部分金属部件使用银色涂装，增加亮度。眼睛最后可以再上一层光油，增加亮度。这些点缀虽然细小，但能为兵人提供更多真实感，其他兵人也可按照这种方法涂装，如图2-147与图2-148所示。

图2-147

图2-1

2.4.4　场景配件的制作

　　为了突出路标的木质感，可以对板件进行改造，用笔刀划出不规则的条纹来模拟木纹质感，之后再经过砂纸打磨使表面平整，如图2-149至图2-152所示。

图 2-149

图 2-150

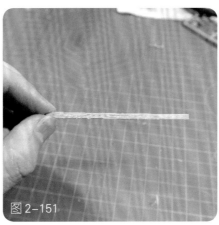

图 2-151

图 2-152

　　给整个路牌涂上木色，然后用不同的木纹颜色沿着模型的一个方向涂出色差，如图2-153至图2-156所示。

图 2-153

图 2-154

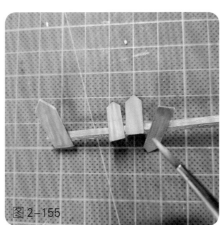

图 2-155

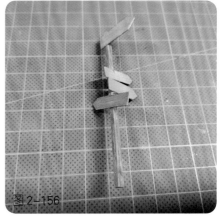

图 2-156

选择合适的贴纸贴在路牌上。贴在模型上的贴纸边缘处，也可用木质颜色做出磨损，这样可以模拟出掉漆的效果，如图2-157所示。

模型石墙的涂装方法和旧化方法可参照坦克，断墙面的缝隙可以用白色填充，以此来强调裂缝，如图2-158与图2-159所示。

图2-157

图2-158

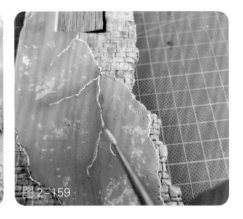
图2-159

在场景中可以添加部分绿色植物进行点缀。这里为了节省时间，选用了山谷绿色的成品模型草进行操作，黏合的时候使用UHU胶水。注意要从根部取出草垛，必要时用镊子操作，如图2-160与图2-161所示。

图2-160

图2-161

在断墙与地面的缝隙中，加入土来填补，一方面修复接缝，另一方面模拟堆积的尘土。用毛笔先在目标区域刷上白乳胶，再用黄土填补即可，如图2-162与图2-163所示。

图2-162

图2-163

成品展示，如图2-164至图2-168所示。

图 2-164

图 2-165

图 2-166

图 2-167

图 2-168

第 3 章
中度旧化样例：
豹式坦克及场景制作

　　历史背景：1944年，二战中的欧洲战场上，苏军已呈现出大反攻的态势，兵临华沙城下。面对苏联红军的猛烈攻势，德军已无力招架，只能一边撤退，一边尽力地破坏交通工具和路面，以拖延灭亡的时间，一场战略撤退开始了。

　　制作思路：德军正在组织撤退，正午时分，几名坦克维修人员趁着车辆静止的时候抓紧抢修有故障的豹式坦克，坦克车长坐在炮塔上无奈地等待。豹式坦克G型于1944年3月开始生产，由于时间缘故，不太适合做大量锈迹。为了表现出写实感，整体旧化以磨损掉漆、掉漆液旧化为主要方式。

　　板件选择：威龙模型豹式坦克（6897）、田宫维修组（35180）、Master Box维修组（3509）、威龙德国铁路重型坦克运输型平板车（6069）、田宫德国装甲兵成员（35201）、威骏夜视仪（AB3577）。

　　以下模型封面如图3-1至图3-6所示。

图3-1

图3-2

图3-3

图3-4

图3-5

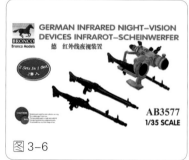

图3-6

3.1　组装豹式坦克

本次选择的套件为威龙模型豹式坦克（6897），模型板件质量、整体组合度优秀。为了让细节更加丰富，另外选购了部分蚀刻片搭配。由于场景需要做一个备用轮胎，于是将轮胎零件部分的螺丝孔用钻头钻空，制作成未安装的状态，如图3-7至图3-9所示。

豹式坦克的交错负重轮并不复杂，注意好安装顺序，如图3-10至图3-13所示。

图3-7

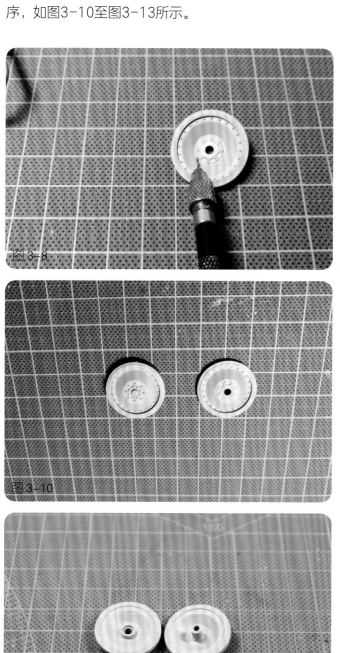
图3-8

图3-9

图3-10

图3-11

图3-12

图3-13

　　二战坦克由于出厂时间不同，轮子的样式会有微妙差异，在制作过程中要多加注意，不要选错零件。这里可参照负重轮的制作过程，精细地将诱导轮和主动轮做出来，如图3-14至图3-17所示。

　　豹式坦克的行走部分保持了很多细节，虽然组装完成后不一定能看到，这里建议采用镊子操作。模型给了可做出活动悬挂的条件，由于场景需要以及简化制作过程，这里我们还是把悬挂系统固定，同时小心处理各种水口，如图3-18至图3-21所示。

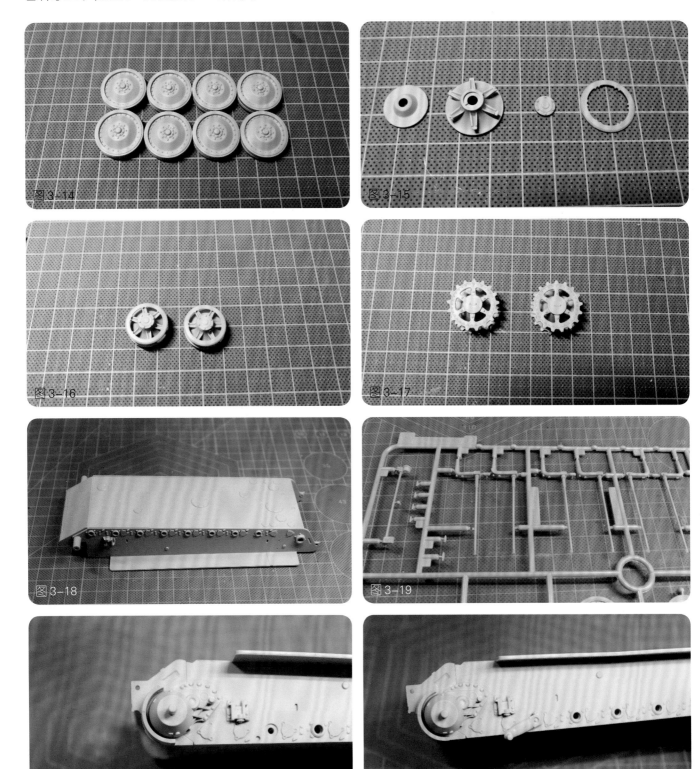

图3-14

图3-15

图3-16

图3-17

图3-18

图3-19

图3-20

图3-21

车体前部牵引基座通常会有很多水口，要小心打磨。车体两侧的零件比较细小，注意不要遗漏，如图3-22至图3-24所示。

装完的一个扭杆和内部结构，如图3-25至图3-27所示。

车体零件的水口处理，如图3-28至图3-30所示。

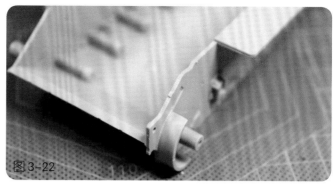

图3-22

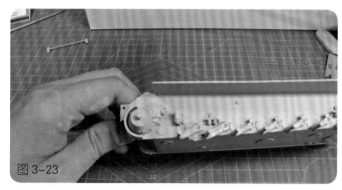

图3-23

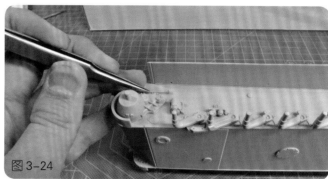

图3-24

图3-25

图3-26

图3-27

图3-28

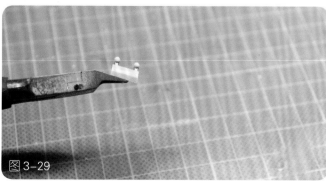

图3-29

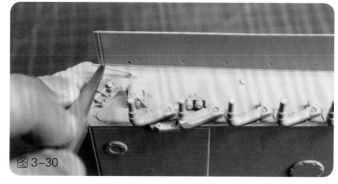

图3-30

安装完成的扭杆和部分零件，如图3-31至图3-33所示。

发动机进气口的细节，板件也给了出来，虽然制作完成后很可能看不到，如图3-34所示。

坦克尾部上方需要打磨贴合车体。尾部的排气管有多种样式，这里我们选择其中一款，如图3-35至图3-37所示。

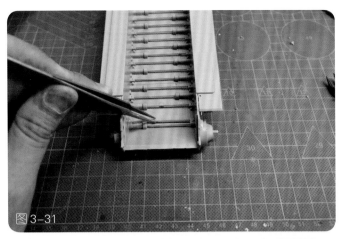

图3-31

图3-32

图3-33

图3-34

图3-35

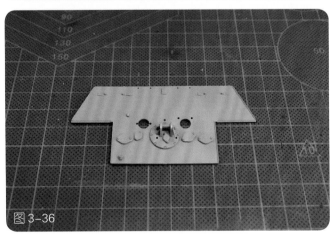

图3-36

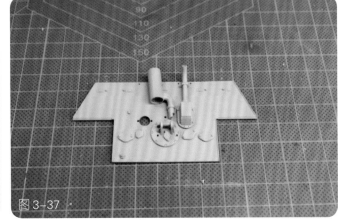

图3-37

　　配合蚀刻片操作来体现更精细的造型。蚀刻片的水口可以用蚀刻片剪刀剪去，最大限度地保证蚀刻片的平整。田宫出品的蚀刻片剪刀，是制作蚀刻片的利器之一，如图3-38至图3-40所示。

　　蚀刻片的黏合采用瞬间胶，注意操作时用点胶法，少量用胶，避免胶水溢出，如图3-41与图3-42所示。

　　车体尾部的储物箱，要做出战损凹陷的细节，使用打火机适当加热储物箱零件，待其变软后，快速用毛笔杆戳出凹陷。要注意打火机和零件的距离，保持在外焰与模型零件距离10厘米左右为佳，过近会将零件烤化。弹孔直接用钻头钻出即可，如图3-43至图3-45所示。

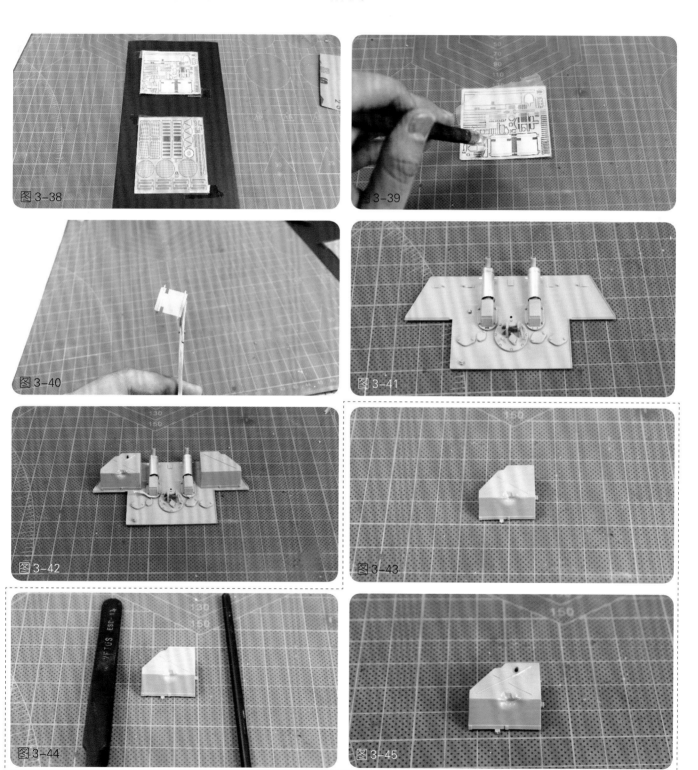

图3-38　　　　　图3-39

图3-40　　　　　图3-41

图3-42　　　　　图3-43

图3-44　　　　　图3-45

　　车体机枪零件取下后要打磨边缘，斜面打磨要注意沿着倾斜方向进行操作，以免将零件打磨过度，如图3-46至图3-48所示。

　　车体上的机枪安装时要注意方向，如图3-49至图3-51所示。

图3-46

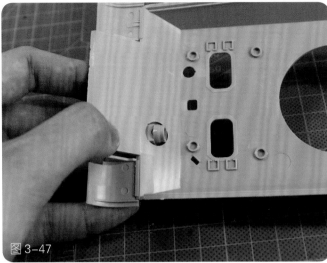

图3-47

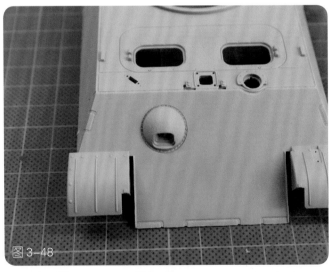

图3-48

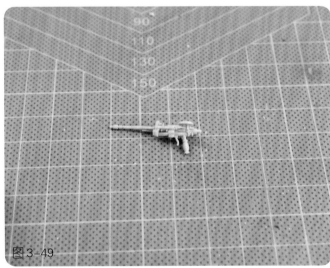

图3-49

图3-50

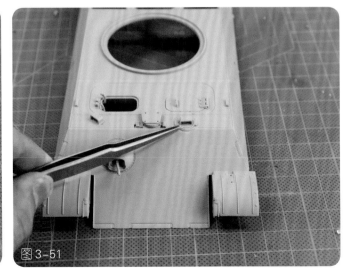

图3-51

天线收纳桶的扣具采用蚀刻片来制作，增强真实感，如图3-52至图3-54所示。

发动机舱盖和进气孔罩上也使用蚀刻片增加细节，黏结时要注意在边缘结合处涂抹速干胶水，切忌涂在网格区域，以免网格堵塞造成细节缺失。裙板支撑体在经过射出件和蚀刻片对比后，选用了更能突出细节的蚀刻片，如图3-55至图3-57所示。

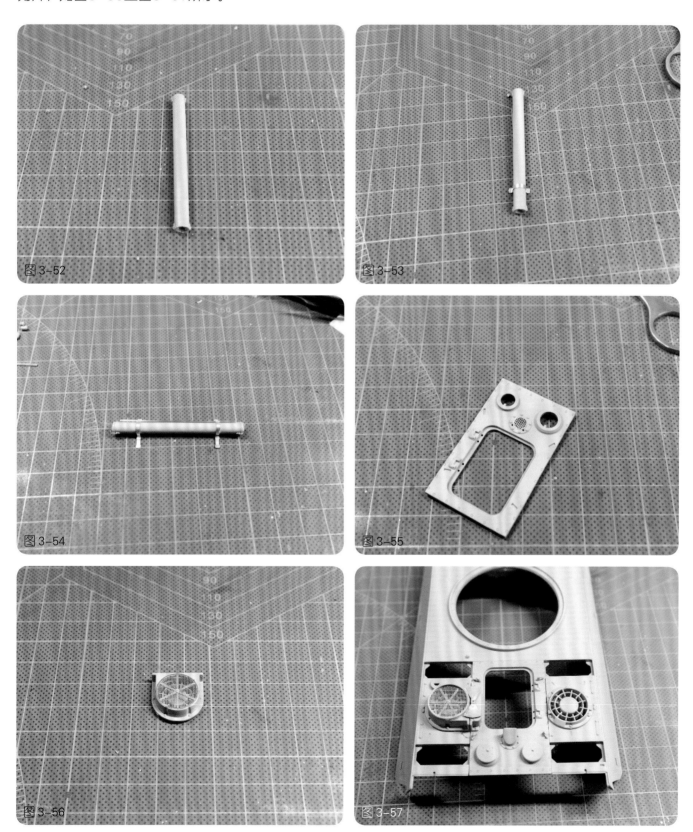

图 3-52

图 3-53

图 3-54

图 3-55

图 3-56

图 3-57

　　车体后部零件参照说明书的顺序安装，在发动机进气孔使用蚀刻片增加细节，如图3-58至图3-61所示。

　　千斤顶的枕木需要做一些处理，让其更贴近真实效果，将收纳边框打磨掉，如图3-62至图3-64所示。

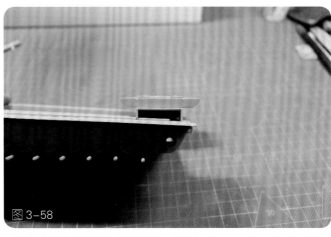

图3-58

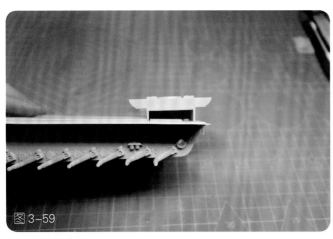

图3-59

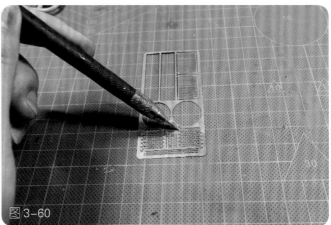

图3-60

图3-61

图3-62

图3-63

图3-64

用笔刀划出线条来模拟木纹效果。在此基础上，再次添加蚀刻片作为收纳边框，如图3-65至图3-68所示。

将坦克翼子板零件替换成蚀刻片，操作中要注意适当弯曲零件来模拟战损效果，如图3-69至图3-71所示。

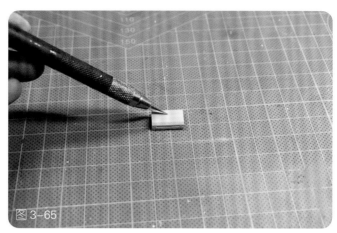

图 3-65

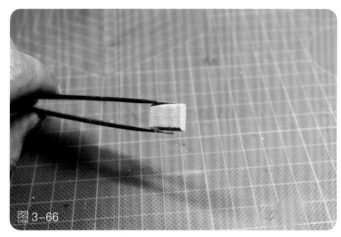

图 3-66

图 3-67

图 3-68

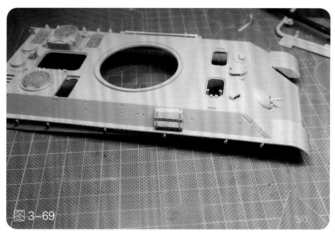

图 3-69

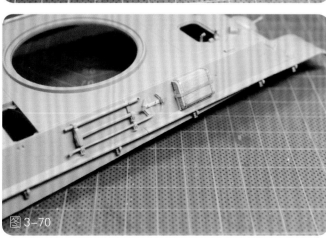

图 3-70

图 3-71

使用蚀刻片增加细节可以随意发挥想象，蚀刻片的组合位置如图3-72至图3-74所示。

备用履带的挂架和部分把手都可用蚀刻片替代，从而提升细节真实度，如图3-75至图3-77所示。

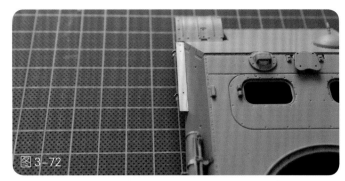

图3-72

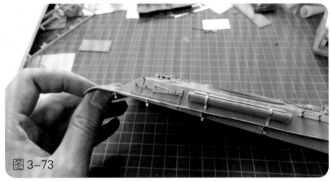

图3-73

图3-74

图3-75

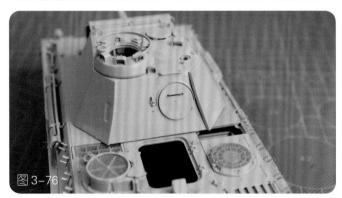

图3-76

图3-77

为炮塔添加夜视仪零件，如图3-78至图3-80所示。

车体完成后，为全车喷涂水补土，为上色做准备，如图3-81所示。

图3-78

图3-79

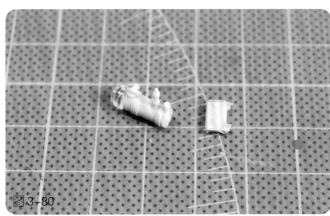

图3-80

图3-81

3.2　豹式坦克涂装

3.2.1　喷涂底色

本次豹式坦克的涂装为三色迷彩，为了让底色更有层次，选用了暗黄、迷彩黄、沙漠黄3种颜色，按照先深后浅的顺序喷涂，如图3-82至图3-85所示。

图3-82

图3-83

图3-84

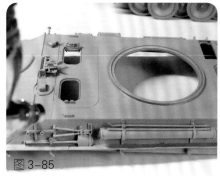

图3-85

在高光部位喷涂迷彩黄，关于高光的位置，应以车体上部为主，每个平面尽量拉开对比度，如果最后觉得过于夸张，可以通过罩喷一层迷彩黄来调整。由于是迷彩涂装，其中有喷涂不完善的区域也不用过于担心，后期仍可通过迷彩色进行修正，车体涂装如图3-86至图3-88所示。

即使有些地方过渡生硬也没有关系，后期还可以通过多个流程弱化喷涂的缺点，如图3-89与图3-90所示。

炮塔喷涂效果如图3-91至图3-94所示。

图3-86

图3-87

图3-88

图3-89

图3-90

图3-91

图3-92

图3-93

图3-94

3.2.2　迷彩色的喷涂

本次喷涂的是二战后期德军的三色迷彩，在整车喷涂轻度掉漆液（mig2010）之后选择喷涂巧克力棕水性漆，迷彩色务必选择纯水性漆（目前AV、易模型、威客均有相关产品），如图3-95与图3-96所示。

整车喷涂完一层轻度掉漆液后，再喷涂第二层。在漆面未完全干透情况下，用稍尖锐的毛笔进行划痕掉漆处理。如果觉得剐蹭效果不够，可以蘸取少量清水来操作，如图3-97至图3-99所示。

图 3-95　轻度掉漆液（mig2010）

图 3-96

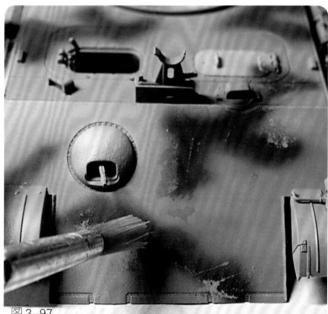

图 3-97

图 3-98

图 3-99

用更尖锐的镊子做细划痕，如图3-100至图3-103所示。

在此基础上喷涂迷彩绿，接着重复之前的掉漆操作。如果产生部分气泡，属于正常现象，不必担心，如图3-104至图3-106所示。

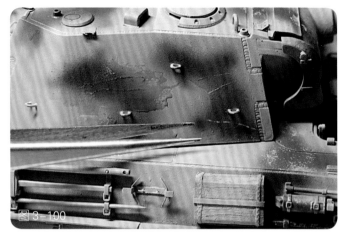

图3-100

图3-101

图3-102

图3-103

图3-104

图3-105

图3-106

模型周围各个凸起板块应多做掉漆操作，模拟真实的磨损效果，如图3-107至图3-110所示。

模型陆轮可以少量做掉漆操作，后期会通过天然土等进行旧化。车体后部按照前面的方法做出磨损效果，如图3-111至图3-113所示。

图3-107

图3-108

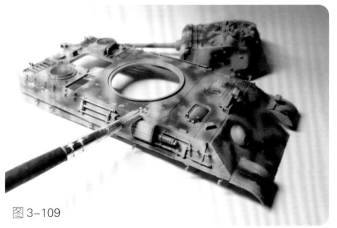

图3-109

图3-110

图3-111

图3-112

图3-113

3.2.3　坦克零件上色处理

　　用0号毛笔蘸取橡胶色（AV70306），小心地给轮圈上色，操作时要注意避免将颜色画出边界，如图3-114至图3-116所示。

　　要做出维修的情景，发动机盖板处于开启状态，因此要把内部装甲涂色，选用白色和浅黄色混合调色，采用十字交叉涂装法进行上色，如图3-117至图3-120所示。

图3-114

图3-115

图3-116

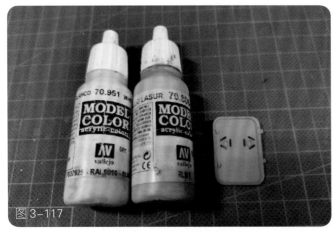

图3-117

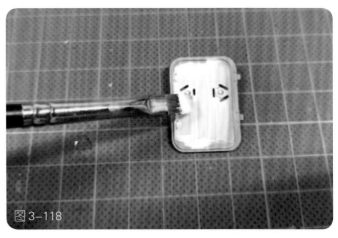

图3-118

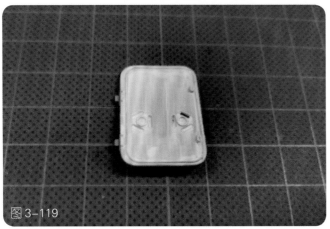

图3-119

图3-120

坦克千斤顶采用金属黑色进行涂装，如图3-121所示。

要在坦克炮塔加装伪装布，可使用电机轴中的铜丝作为挂载支撑物，小心穿过环状挂钩即可，如图3-122与图3-123所示。

制作伪装布，这里选用纸巾作为原料，裁剪至合适尺寸后用白乳胶固定，如图3-124至图3-126所示。

图 3-121

图 3-122

图 3-123

图 3-124

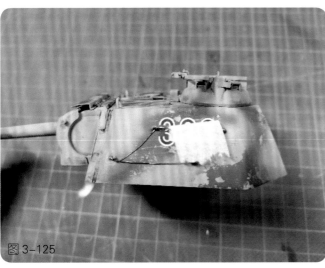

图 3-125

图 3-126

为伪装布上色，这里用标准德国灰色（AV70995）加白色（AV70951）调出浅德国灰色，如图3-127与图3-128所示。

为炮管制作伪装网，用细网的医用纱布和草绳作素材，裁剪到合适尺寸后用深黄和迷彩黄上色，如图3-129至图3-132所示。

图 3-127

图 3-128

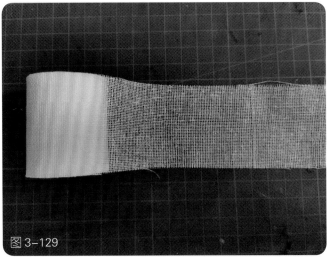

图 3-129

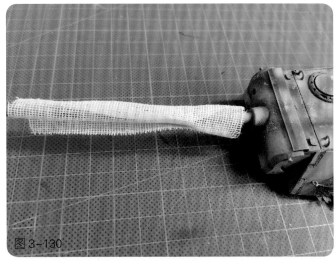

图 3-130

图 3-131

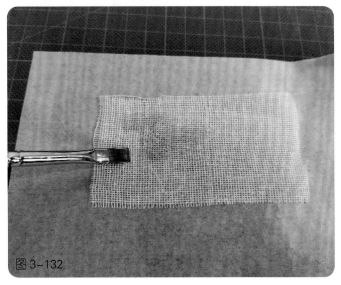

图 3-132

用草绳将纱布固定在炮管上，如图3-133至图3-135所示。

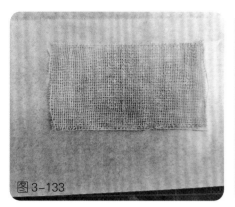

图3-133

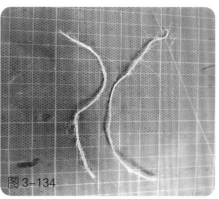

图3-134

图3-135

3.3　豹式坦克的旧化

3.3.1　渗线旧化

选择黑色油画颜料，用松节油稀释后涂在模型凹陷缝隙处，增加整体立体感，第一次调的浓度不要太高，如图3-136至图3-139所示。

图3-136

图3-137

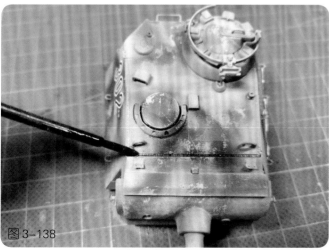

图3-138

图3-139

如果觉得颜色偏浅，可以逐步增加浓度。如果一次操作不满意，可以重复操作，如图3-140至图3-142所示。

这个步骤要覆盖全车各个角落以及凹槽，如图3-143至图3-145所示。

图 3-140

图 3-141

图 3-142

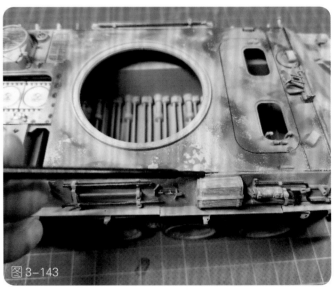

图 3-143

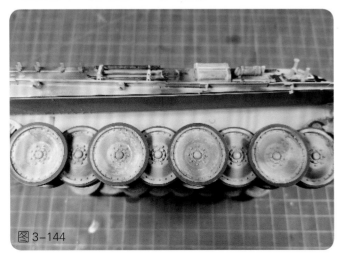

图 3-144

图 3-145

3.3.2　陆轮的旧化

坦克在行进过程中，陆轮会带有尘土及泥点。为了模拟出真实效果，我们采用深土壤色和沙粒土色两种颜色的天然土给陆轮上色。用蘸有松节油湿润的毛笔将浅色戳在陆轮上，之后在浅色基础上戳深色土，让深色土不规则地覆盖到浅色上，要注意做出不规则感，如图3-146至图3-148所示。

车体下部喷溅的泥点可以用毛笔将稀释后的旧化土弹拨到模型表面，如图3-149与图3-150所示。

图 3-146

图 3-147

图 3-148

图 3-149

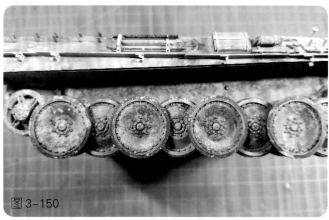

图 3-150

3.3.3　履带的旧化

坦克履带的旧化是强调整体模型旧化程度非常重要的部分，能否做出与坦克协调统一的金属感、锈蚀感，往往是决定一件作品成功与否的关键。这里我们需要用到的工具有：遮盖带，土黄、暗褐、铁锈三种颜色的天然土，银色油画颜料，如图3-151所示。

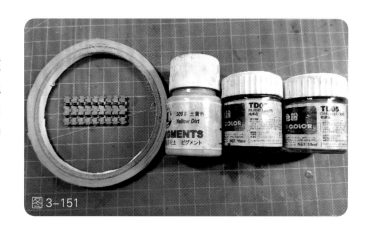

图 3-151

　　将喷涂好金属黑色的履带固定在操作台上，用蘸有松节油的毛笔将天然土戳在上面，三个颜色交替使用，注意颜色不要完全融合，如图3-152至图3-154所示。

　　履带正面采用同样方法操作，如图3-155至图3-157所示。

　　用银色油画颜料去模拟履带凸起部位的金属磨损色，如图3-158与图3-159所示。

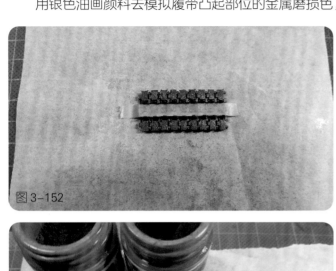

图3-152

图3-153

图3-154

图3-155

图3-156

图3-157

图3-158

图3-159

这里可以用棉签来操作，在凸起的部位反复轻涂几次就能达到效果，如图3-160与图3-161所示。

图3-160

图3-161

3.4　铁路拖板车的制作

3.4.1　组装拖板车及路基

拖板车的零件整体不多，但部分零件较为轻薄，操作时应注意不要弄断。合模线较为明显，用笔刀小心刮除，如图3-162至图3-164所示。

拖板车整体组合度较为优秀。木板部分衔接处有微量细缝，可以忽略不计。轮子的边缘容易损坏，操作时小心不要剪坏零件，如图3-165至图3-167所示。

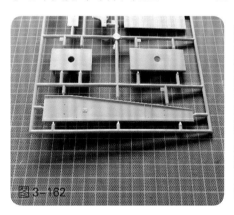
图3-162

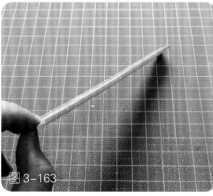
图3-163

图3-164

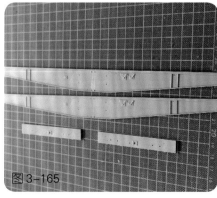
图3-165

图3-166

图3-167

悬挂系统和板车的制作效果，如图3-168至图3-170所示。

路基接缝处要用牙膏补土进行填缝操作，如图3-171至图3-174所示。

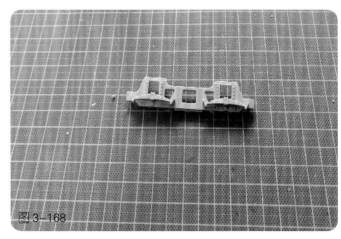

图3-168

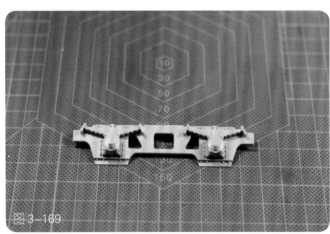

图3-169

图3-170

图3-171

图3-172

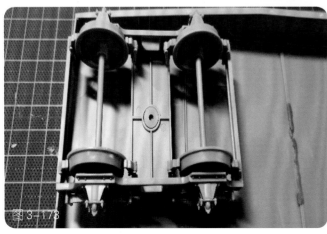

图3-173

图3-174

3.4.2　为板车及路基上色

选择黑色为板车的凹槽做阴影来圈出大体轮廓。注意喷涂的距离要掌握好，阴影部分不宜喷的太厚。边缘要保持一定虚化过渡，不要过于生硬。颜色选择田宫黑色水性漆XF-1，如图3-175至图3-178所示。

同时也给平板车木质面预制一些阴影，不规则地喷在面上即可，如图3-179至图3-181所示。

图3-175

图3-176

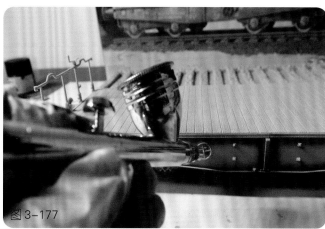

图3-177

图3-178

图3-179

图3-180

图3-181

　　铁轨的底色喷涂采用履带色加少许银色作为底色，均匀喷涂。由于金属色的覆盖效果一般，因此可以少量多次地喷涂。之后在铁轨上部（与轮子结合处）用亮光银色马克笔进行二次覆盖涂装。如果觉得颜色过于突兀，可以用纸巾轻轻擦拭，柔和过渡，如图3-182至图3-185所示。

　　选用星影模型漆迷彩棕（JXF-64）作为木甲板底色，均匀薄喷在甲板上。用北约黑（JXF-69）或白色（J-62）混合成不同的木色遮盖做出色差。再用沙漠黄（JXF-59）在部分木条上喷涂，做出色差。整体操作可随意一些，不用太在意色差的突兀，后期会对整体的颜色再进行统一，如图3-186至图3-189所示。

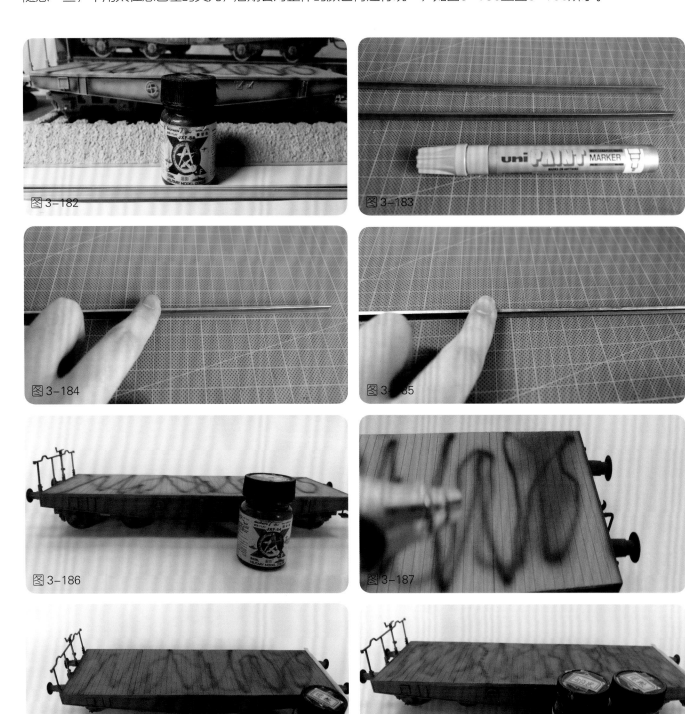

图3-182

图3-183

图3-184

图3-185

图3-186

图3-187

图3-188

图3-189

用白色和暗黄色混合后整体罩喷板车甲板，注意别喷到车体两侧，如图3-190与图3-191所示。

遮盖部分木条，整体再罩喷暗黄色和棕色，如图3-192至图3-194所示。

采用暗黄色和棕色为铁路路基木材上色，用黑褐色（70822）给铁轨结合部上色，注意不要涂出边界，如图 3-195 至图 3-197 所示。

图 3-190

图 3-191

图 3-192

图 3-193

图 3-194

图 3-195

图 3-196

图 3-197

将铁轨小心嵌入路基。注意不要太过用力，以免弄断铁轨。如果组合度不佳，稍微打磨结合部位即可，如图3-198至图3-201所示。

图3-198

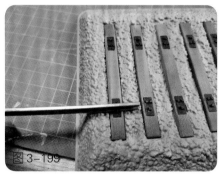

图3-199

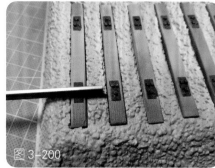

图3-200

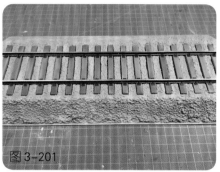

图3-201

3.4.3　拖板车的旧化

拖板车的旧化以油画颜料为主，用松节油将熟褐色颜料稀释后涂刷在枕木和甲板上，如图3-202至图3-204所示。

图3-202

图3-203

图3-204

油画颜料渗入凹陷部位的效果，如图3-205至图3-207所示。

图3-205

图3-206

图3-207

使用黑色油画颜料给路基全面渍洗，颜料的浓度把路基凹陷部位填上即可，如图3-208至图3-210所示。

使用土黄色和熟褐色油画颜料交错点在路基上，用蘸有松节油的画笔垂直上下刷，做出褪色效果，如图3-211至图3-214所示。

图 3-208

图 3-209

图 3-210

图 3-211

图 3-212

图 3-213

图 3-214

采用同样的方法，使用熟褐色进行褪色操作，如图3-215与图3-216所示。

用灰色和白色调出浅灰色，用毛笔扫在路基颗粒突出的部位，路基就完成了，如图3-217至图3-220所示。

图 3-215

图 3-216

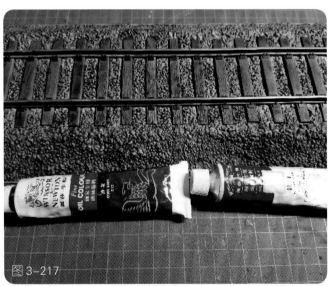

图 3-217

图 3-218

图 3-219

图 3-220

如果担心水贴会被后期旧化破坏，喷涂条件有限的话，可以选择用消光保护漆手涂覆盖，这里选择的是DecoArt出品的消光颜料，如图3-221与图3-222所示。

图3-221

图3-222

在锈色的基础上用白色和土黄色交错点出画点，再用蘸上稀释液的毛笔垂直向下刷，做出板车的褪色效果。这种技法可以做出很多想要的效果，建议多加练习，如图3-223至图3-225所示。

图3-223

图3-224

图3-225

这里要注意运笔的方向和最终效果呈现的程度，如图3-226至图3-229所示。

为了突出立体感，可进行二次高光处理。利用油画颜料的半透性进行涂装。用蓝色、白色、黑色调成灰蓝色，在板车的部分区域涂出高光，如图3-230至图3-232所示。

图3-226

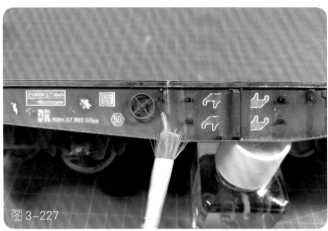
图3-227

图3-228

图3-229

图3-230

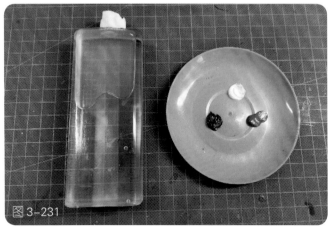
图3-231

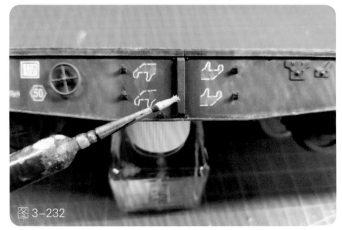
图3-232

板车突出的部分，可以借助棉签将油画颜料均匀晕开，如图3-233至图3-235所示。

图 3-233

图 3-234

图 3-235

侧面的把手零件也用浅色颜料强调，如图3-236至图3-238所示。

图 3-236

图 3-237

图 3-238

用熟褐色和黑色混合稀释后渍洗板车底部做旧，如图3-239至图3-241所示。

图 3-239

图 3-240

图 3-241

一起来看成果吧，如图3-242至图3-245所示。

图3-243

图 3-244

图 3-245

第 4 章

重度旧化样例：
GAZ 卡车、LT-35
坦克及场景制作

　　历史背景：GAZ卡车是苏联在二战前参考美国福特公司的卡车生产的车辆，广泛用于二战期间的各个地区，同时也被改装为防空卡车、武装卡车等。由于便于维修及养护成本低，该卡车收到广泛好评。

　　二战爆发时，苏军已有150000辆不同型号的GAZ卡车能够使用。此型卡车加上其他的衍生型共生产了约985000辆。

　　LT-35坦克由捷克斯洛伐克著名的斯柯达兵工厂制造，二战时期被德军采用，一直到二战后期，还能看到基于该坦克底盘的变种车继续在欧洲战场服役。

　　制作思路：本次将GAZ卡车做成锈蚀遗弃状态，LT-35坦克采用冬季雪地涂装。

　　板件选择：小号手模型苏联GAZ-AA卡车（83836）、爱德美模型LT-35坦克（13280）、田宫野战会议组（35212）、其他自制配件等。

　　模型封面见图4-1至图4-3所示。

图4-1

图4-2

图4-3

4.1　组装 GAZ 卡车

　　本次选择的套件为小号手模型，模型板件数量不多。由于要制作重度锈蚀遗弃的状态，因此部分零件可以省略制作。虽然发动机部分本次属于隐藏状态，但为了让车体下部细节更加完整，本次也将其做出，如图4-4至图4-6所示。

　　车体的零件较为细碎，前舱盖的合页细节效果出众，如图4-7至图4-9所示。

　　车体后部有大空间木制载货区，为了提升细节真实度，也可采用真实木片自制。这里着重表现涂装，因此仍采用原射出塑料板件，如图4-10至图4-12所示。

图4-4

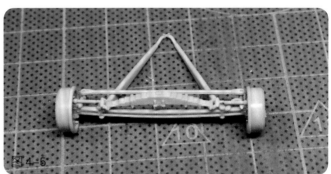
图4-5

图4-6

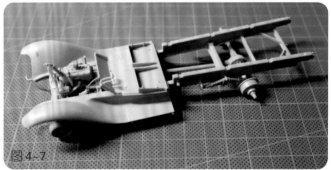
图4-7

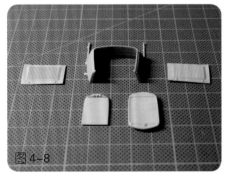
图4-8

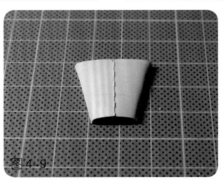
图4-9

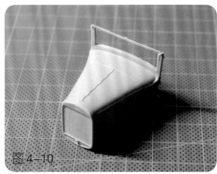
图4-10

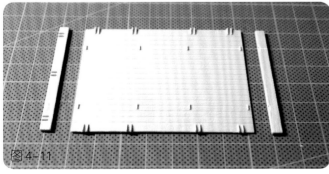
图4-11

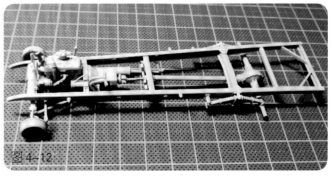
图4-12

由于卡车是遗弃状态，因此舍弃了部分零件，这是行走部分的效果，如图4-13至图4-15所示。

图4-13

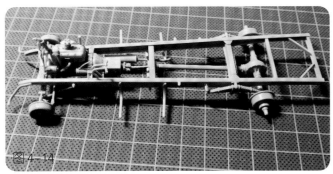

图4-14

图4-15

4.2 GAZ卡车的上色

首先对整体模型使用油性水补土喷涂，这里选择的是郡士的1000#水补土，如图4-16所示。

在木质涂装区先喷涂北约黑色预制阴影，喷涂的线条可以随意些，注意别出现大量的点状或圆状的阴影区域，如图4-17至图4-19所示。

图4-16

图4-17

图4-18

图4-19

选择星影模型漆迷彩棕（JXF-64）、舰底红（J-29），按照2：1的比例混合，喷涂木棕色底色，覆盖整个载货区，如图4-20至图4-22所示。

载货区喷涂后的效果，如图4-23至图4-25所示。

采用迷彩棕（JXF-64）对载货区的中间部分以椭圆形薄喷，略微提一些亮度，如图4-26与图4-27所示。

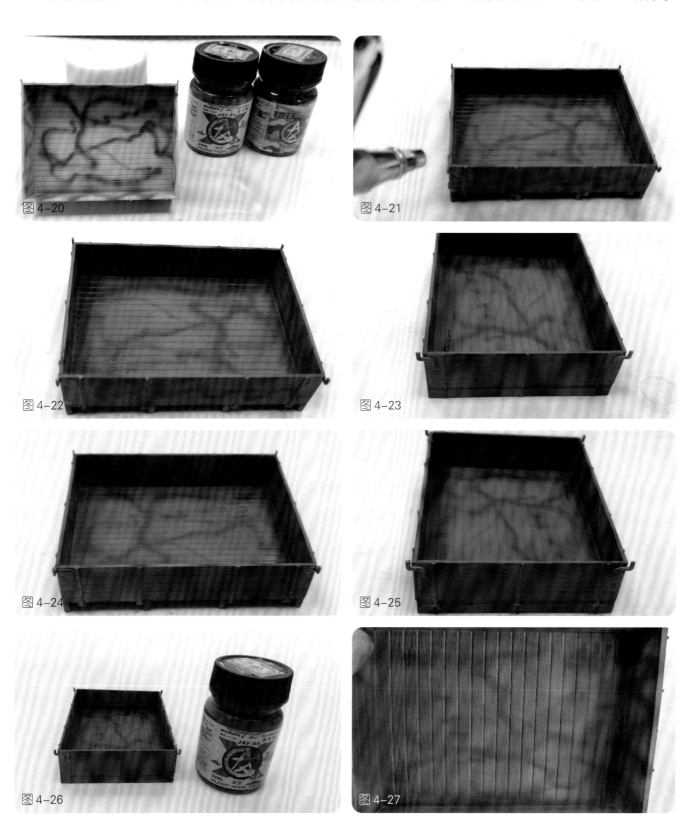

图4-20

图4-21

图4-22

图4-23

图4-24

图4-25

图4-26

图4-27

将舰底红（J-29）和迷彩棕（JXF-64）按照2：1的比例混合做出防锈红底色，喷涂车辆的剩余部分。喷涂要尽量保持均匀，且一定要使用硝基漆，为后续制作锈蚀效果打基础。本次的样例不做内部结构，可以将内部涂装省略，如图4-28至图4-30所示。

图4-28

图4-29

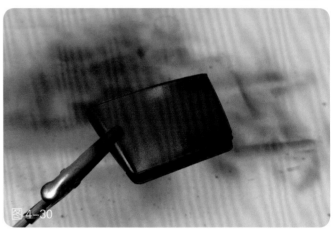

图4-30

4.3 GAZ 卡车的旧化

车体喷涂完成后，给全车喷涂发胶（品牌不限），静置数分钟，等待发胶干燥，以看不到湿润为宜，如图4-31所示。

给全车喷涂中度锈色，注意一定使用水性漆涂料，本次选择威客（ma215），用田宫X20A稀释剂，也可采用同品牌稀释剂。注意不要在同一个区域喷涂过厚的涂料，整体罩喷完后，静置5~10分钟。漆面没有光泽亮痕时，用稍微硬一些的毛笔，比如尼龙毛材质的笔，用清水润湿后在车体区域进行不规则的剔蹭。清水会溶解预置的发胶，把锈色刮掉。这类方法在模型制作中很常用，过程和效果如图4-32至图4-35所示。

图4-31

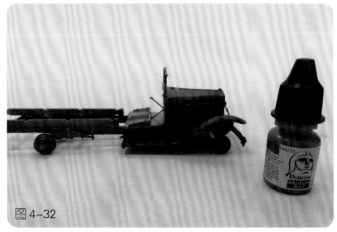

图4-32

图 4-33

图 4-34

经过上述操作后的旧化效果非常真实，与自然磨损的效果非常接近，如图4-36至图4-38所示。

驾驶室后部零件和车体的效果如图4-39至图4-41所示。

图 4-35

图 4-36

图 4-37

图 4-38

图 4-39

图 4-40

图 4-41

驾驶室的门和上部零件效果，如图4-42至图4-44所示。

操作结束后，等待表面干燥。在表面喷涂一层消光保护漆，切记一定保证全覆盖，不要喷得过厚，以免漆面过于模糊，如图4-45所示。

待消光保护漆干燥后，再整体罩喷一层发胶，之后还是等待其干燥，以表面看不出湿润为宜，如图4-46所示。

在此基础上喷涂浅锈色，这里为威客水性漆，如图4-47至图4-49所示。

图4-42

图4-43

图4-44

图4-45

图4-46

图4-47

图4-48

图4-49

驾驶室后部和车体前部不要遗漏，也喷涂浅锈色，如图4-50与图4-51所示。

待观察漆面不再湿润后，再次用硬毛笔蘸水后在漆面剐蹭，以能够把防锈色、中锈色、浅锈色全部体现出来为宜，如图4-52至图4-54所示。

操作过程中掉漆处不宜做得过多，尽量让三种颜色面积占比接近，如图4-55至图4-57所示。

图 4-50

图 4-51

图 4-52

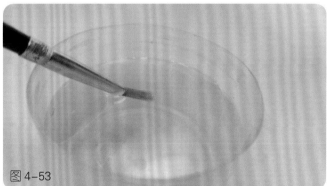

图 4-53

图 4-54

图 4-55

图 4-56

图 4-57

如果漆面不好剐蹭，可以多蘸些水甚至少量酒精来辅助操作。这样能加大剥落效果，如图4-58至图4-60所示。

陆轮掉漆效果和车辆整体效果，如图4-61与图4-62所示。

操作完后在表面喷涂消光保护漆，锈蚀底色就制作完毕了，如图4-63至图4-69所示。

在完成底漆的模型上再次喷涂发胶，表面不再湿润时，喷涂面漆。面漆选择了北约绿，加入微量蓝色进行调色，整体喷涂模型，效果如图4-70至图4-72所示。

图4-58

图4-59

图4-60

图4-61

图4-62

图4-63

图4-64

图 4-65

图 4-66

图 4-67

图 4-68

图 4-69

图 4-70

图 4-71

图 4-72

在操作中可能会出现面漆开裂的情况，不必担心，后期的再次掉漆会修正这样的问题，如图4-73与图4-74所示。

最后用毛笔蘸水，把绿色面漆做出剐蹭效果。这时真实的锈蚀感就呈现出来了，如图4-75至图4-77所示。

面漆掉漆重点部位仍旧在车辆凸起的地方，车门一般选择在中部位置，如图4-78至图4-80所示。

图4-73

图4-74

图4-75

图4-76

图4-77

图4-78

图4-79

图4-80

可以在锈蚀部位再次遮盖喷涂一层浅锈色，模拟长期放置的物体被挪走的痕迹，车门也可以做一些划痕效果，如图4-81至图4-83所示。

图 4-81

图 4-82

图 4-83

4.4　GAZ 卡车的木纹色处理

用几种油画颜料做出卡车木色的色差，其润色效果要比模型的水性漆容易掌控，可以多加练习，如果操作失败还能用油画稀释液进行修正，如图4-84至图4-86所示。

图 4-84

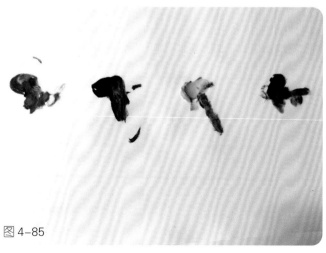

图 4-85

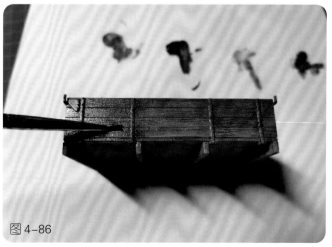

图 4-86

使用田宫黑色渗线液对木色接缝部位进行渗线处理，让模型表面更具有立体感。相比油画颜料与松节油的渗线方式，珐琅系渗线产品的附着性更牢固，在色彩较为丰富的模型表面使用时，不会被其他颜色覆盖或发生混色，如图4-87与图4-88所示。

图 4-87

图 4-88

4.5　透明零件及其相关配件处理

将卡车前挡风玻璃的透明件安装上，表面再覆盖一层浅色天然土，用干毛笔润开，模拟自然旧化的效果。效果如图4-89至图4-91所示。

将挡风玻璃装上后的效果，如图4-92与图4-93所示。

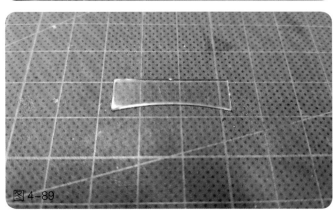

图 4-89

图 4-90

图 4-91

图 4-92

图 4-93

苏联GAZ卡车完成效果，如图4-94与图4-95所示。

图 4-94

图 4-95

4.6 德国 LT-35 坦克的雪地涂装制作

　　按照GAZ卡车的方法制作一个冬季雪地迷彩的LT-35坦克。底色选择油性德国灰色，喷涂发胶后用白色水性漆做面漆，之后再做磨损掉漆，具体方法可参照4.1节，如图4-96至图4-99所示。

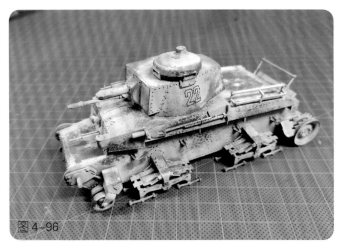

图4-96

图4-97

图4-98

图4-99

4.7 LT-35 坦克陆轮的旧化

　　LT-35坦克的陆轮使用笔涂方式上色，分别用轮胎色（70306）和白色（70951），如图4-100至图4-103所示。

图4-100

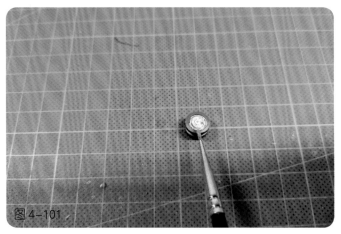

图4-101

图 4-102

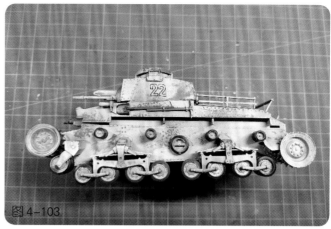

图 4-103

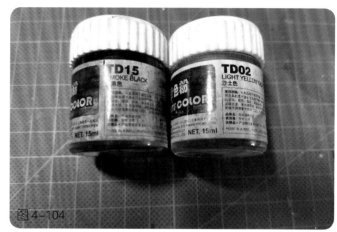

图 4-104

　　把黑色和沙土色天然土用白胶固定在陆轮上，如图 4-104 与图 4-105 所示。

　　陆轮和车体两侧的位置都要涂到，尤其是轮子不要漏掉，如图 4-106 至图 4-108 所示。

图 4-105

图 4-106

图 4-107

图 4-108

4.8 LT-35 坦克细节优化

使用黑色渗线液在坦克铆钉处点缀突出立体感，如图4-109至图4-111所示。

位置包括坦克机枪根部零件、车体后部铆钉、陆轮中部位置，如图4-112至图4-114所示。

图4-109

图4-110

图4-111

图4-112

图4-113

图4-114

将制作好的兵人摆放在场景内，寻找合适的摆放地点，如图4-115至图4-117所示。

本章节介绍了很多锈蚀制作方法，在这里采用天然土的方法来表现排气管锈蚀的效果。使用三种颜色天然土交错涂抹调整，形成锈蚀效果，如图4-118至图4-120所示。

图 4-115

图 4-116

图 4-117

图 4-118

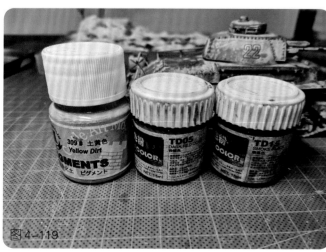

图 4-119

图 4-120

　　涂抹的位置要形成交错感，如果觉得涂抹一遍不满意，可以反复调整。天然土自带有颗粒的质感，比较适合体现经过烧灼的金属锈蚀，如图4-121至图4-123所示。

　　用稀释后的黑色油画颜料给油箱等配件进行点缀涂装，之后用棉签擦掉多余颜料，如图4-124所示。

　　为了让千斤顶的枕木木纹更加明显，可以用笔刀在木色区域划出不规则的痕迹后再涂装，如图4-125至图4-127所示。

图4-121

图4-122

图4-123

图4-124

图4-125

图4-126

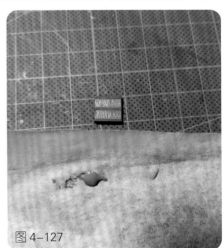

图4-127

等颜料干燥后再用熟褐色颜料渍洗，如图4-128至图4-130所示。

用银色油画颜料对金属色区域的边缘进行薄涂，突出金属质感，如图4-131与图4-132所示。

油桶采用海绵掉漆方法，用海绵蘸取少量德国黑褐色漆在油桶边缘点涂。涂完的区域用熟锗色油画颜料点缀，再用银色油画颜料干扫即可，如图4-133至图4-135所示。

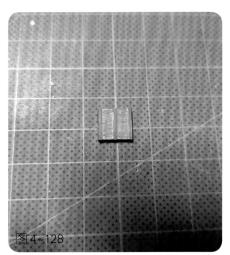
图 4-128

图 4-129

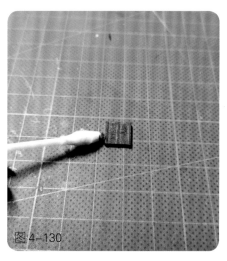
图 4-130

图 4-131

图 4-132

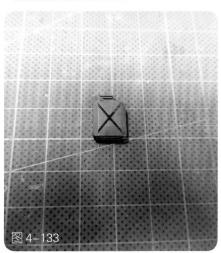
图 4-133

图 4-134

图 4-135

油桶的最终效果，如图4-136与图4-137所示。

图4-136

图4-137

4.9　冬季模型地台制作

利用真实的枯树枝以及刺梨干花互相黏结，做成一棵拟真枯树，如图4-138至图4-140所示。

用泡沫给模型地台塑形，对角线做出高低落差，用白胶黏结，如图4-141与图4-142所示。

另一侧做出小丘陵，用整个泡沫打底，再用碎泡沫做过渡，如图4-143至图 4-145所示。

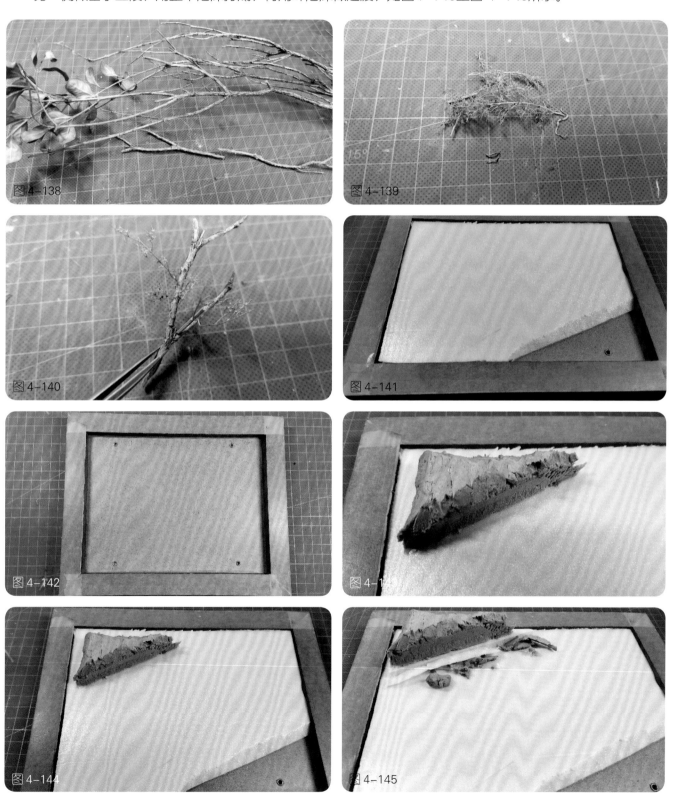

图 4-138

图 4-139

图 4-140

图 4-141

图 4-142

图 4-143

图 4-144

图 4-145

　　模型地台整体铺设石膏，在低陷处用原野灰上色，路面喷涂消光黑色，用水晶滴胶混合微量橄榄绿色倒入低陷处以及坑洼处模拟水面。还可以混合一些碎石，让场景变得更加生动化。插上之前做好的树木后，就可以涂上白胶和雪粉了，如图4-146至图4-148所示。

　　如果要做成白雪初融的效果，减少雪粉的覆盖即可，如图4-149至图 4-151所示。

图4-146

图4-147

图4-148

图4-149

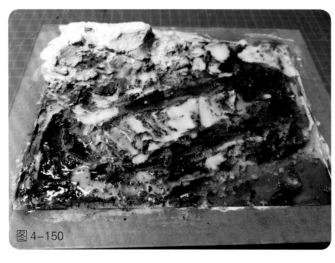

图4-150

图4-151

坦克完整场景展示，如图4-152与图4-153所示。

图 4-152

图 4-153

第 5 章
综合旧化样例: T-34/85
坦克及场景制作

历史背景：1945年4月，苏联红军对柏林展开突击，大量的苏联坦克冲向柏林街头，与德军展开激烈巷战。随着德军统帅部代表凯特尔元帅在柏林签署向苏军和同盟国远征军无条件投降书，第二次世界大战欧洲战场的战斗宣告结束。

制作思路：二战中苏军的进攻势如破竹，坦克行驶在被炮火摧毁的柏林外围地区，只要突破城外最后的岗哨，即可进入敌军腹地。简单的路障已阻挡不了苏军的进攻。

板件选择：红星模型T-34/85坦克（3687）、威龙苏军士兵（6197）、SSMODEL 钢丝床（35024）、三信金属履带（SX35002），如图5-1至图5-4所示。

图5-1

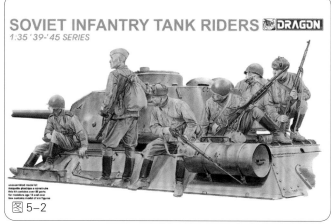

图5-2

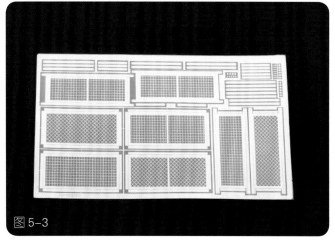

图5-3

图5-4

5.1　组装 T-34 坦克

本次选择的套件为红星模型，模型板件质量整体组合度优秀，按照说明书顺序安装即可，首先小心剪下坦克底盘零件，如图5-5至图5-7所示。

图5-5

底盘是非一体成型的，两侧的零件如果不平整，务必修正后再安装，如图5-8至图5-10所示。

多次模拟组装非常有必要，千万不要把车体黏歪，如图5-11至图5-13所示。

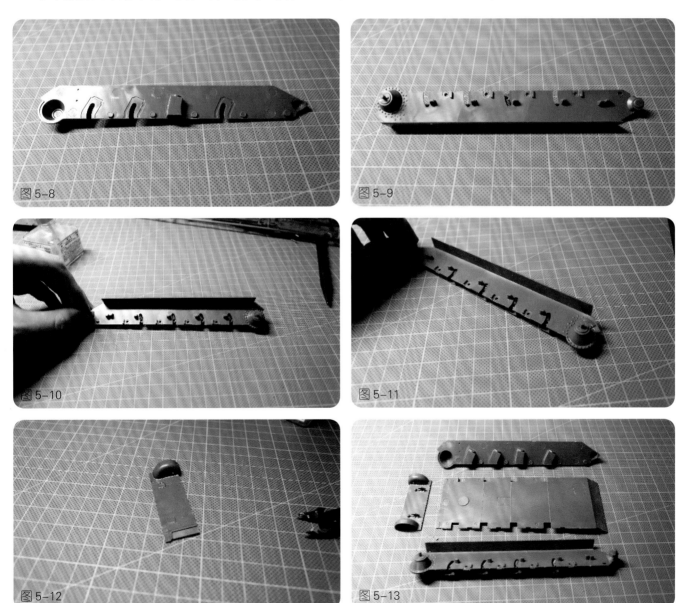

车体底盘、排气管和车体的组合，如图5-14至图5-16所示。

坦克的轮子组合，如图5-17至图5-19所示。

发动机防爆网采用蚀刻片增加细节，如图5-20至图5-23所示。

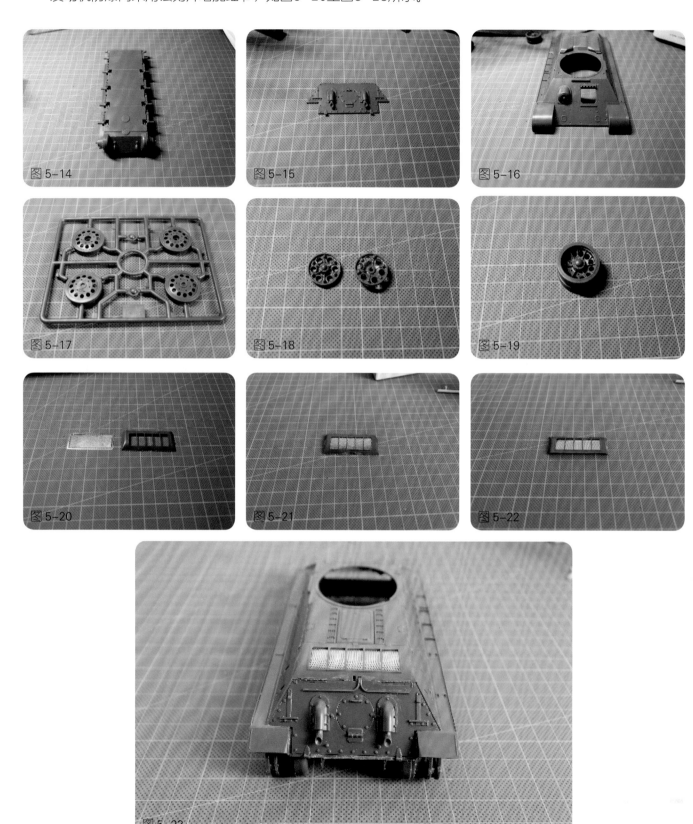

图 5-14

图 5-15

图 5-16

图 5-17

图 5-18

图 5-19

图 5-20

图 5-21

图 5-22

图 5-23

　　安装坦克上的油桶及工具箱。如果要为坦克添加钢丝床装甲的话，可以不安装油桶，如图5-24至图5-27所示。

　　炮管可以用砂纸进行二次打磨，安装完透明零件后用美术橡皮泥进行遮盖，以免后期上色遮盖透明材质，如图5-28至图5-31所示。

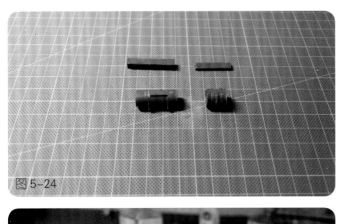
图5-24

图5-25

图5-26

图5-27

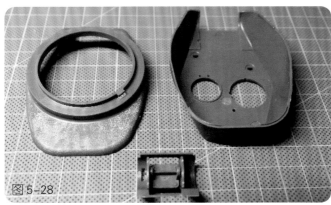
图5-28

图5-29

图5-30

图5-31

　　此型号坦克把手部分比较脆弱，制作时应多加小心，如果弄断无法修复时，可以选择用铜丝自制把手，如图5-32至图5-34所示。

　　炮塔的零件也不多，制作起来比较顺手，如图5-35至图5-37所示。

　　素组组装完毕的坦克效果，如图5-38与图5-39所示。

图5-32

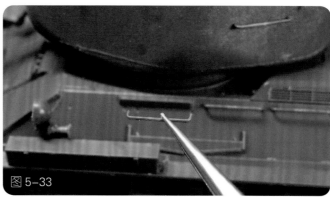

图5-33

图5-34

图5-35

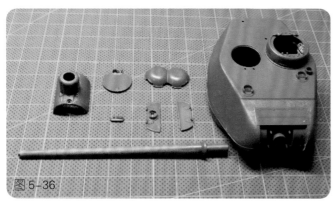

图5-36

图5-37

图5-38

图5-39

5.2　T-34/85 坦克的上色与旧化

在坦克的高光表面喷涂浅灰色的水补土，喷涂的位置在坦克垂直面靠上部位。这里选择的是郡士油性水补土，如图5-40至图5-42所示。

坦克车体的高光部位也可以利用此次喷涂展现出来，如图5-43至图5-45所示。

图 5-40

图 5-41

图 5-42

图 5-43

图 5-44

图 5-45

用黑色喷涂灰色部分和原板件绿色部分的交界处，强调阴影，如图5-46至图5-49所示。

为坦克喷涂基本色，用橄榄绿整喷。如果觉得颜色有偏差的话可以再添加少量原野灰，如图5-50至图5-53所示。

图 5-46

图 5-47

图 5-48

图 5-49

图 5-50

图 5-51

图 5-52

图 5-53

　　用亮绿色、橄榄绿、白色混合调成的绿色在坦克的凸起部位画出高光色差。绘制后也许会觉得突兀，后期的旧化会弱化这种效果，如图5-54至图5-56所示。

　　坦克的其他部位，包括炮塔的凸起部、把手以及车体后部的铆钉，都可以做出色差，如图5-57至图5-59所示。

图 5-54

图 5-55

图 5-56

图 5-57

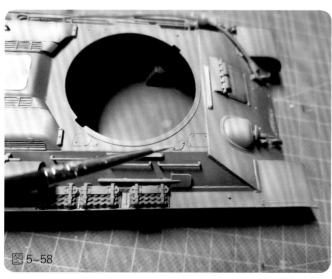

图 5-58

图 5-59

　　将固定油桶的支架金属环以及炮塔舱盖，涂装成浅色，做出色差，如图5-60至图5-62所示。

　　把坦克的各种合页涂装成浅色，做出色差，如图5-63至图5-65所示。

图 5-60

图 5-61

图 5-62

图 5-63

图 5-64

图 5-65

将坦克空滤（空气滤清器）上部零件、驾驶员的
观察窗和机枪零件涂浅色，做出色差，如图5-66至
图5-68所示。

将挡泥板接缝处的凸起、炮塔观察孔的塞子涂浅
色，做出色差，如图5-69至图5-72所示。

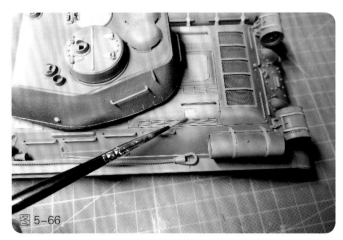

图 5-66

图 5-67

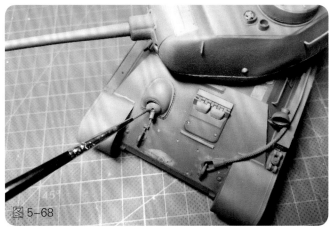

图 5-68

图 5-69

图 5-70

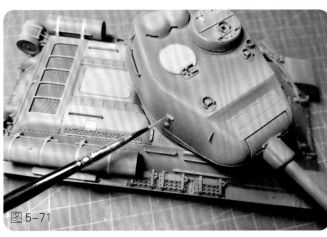

图 5-71

图 5-72

使用黑色和履带色为坦克高光面喷涂一层金属色，增加坦克整体的金属感。漆面不要太厚，边缘要有虚化和过渡，如图5-73与图5-74所示。

给坦克喷涂发胶，等模型表面不再湿润时，喷涂XF-14浅灰绿色，如图5-75至图5-79所示。

图5-73

图5-74

图5-75

图5-76

图5-77

图5-78

图5-79

　　用蘸了水的毛笔在车体表面做出划痕，本次的样例为了让旧化效果更加明显，剐蹭力度和剥落做得更加突出，如图5-80至图5-82所示。

　　整体的掉漆操作越零散、越无规则性越好，后期涂装会对重点旧化部分进行强调，如图5-83至图5-87所示。

图 5-80

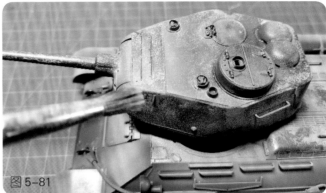

图 5-81

图 5-82

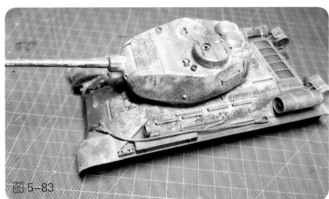

图 5-83

图 5-84

图 5-85

图 5-86

图 5-87

把橄榄绿色的油画颜料用松节油稀释后全面涂刷在整车上，将之前的掉漆颜色色差变小，同时也可以突出绿色整体效果，如图5-88至图5-91所示。

对需要黏贴水贴的部位喷涂亮光保护漆，让底面更加平整，有利于消除水贴边缘痕迹。融化水贴的水最好选择温水，既可以加快溶解速度，也能让水贴更加柔软，利于操作。如果感到表面还有痕迹，可以使用水贴软化剂来辅助操作，如图5-92至图5-94所示。

图5-88

图5-89

图5-90

图5-91

图5-92

图5-93

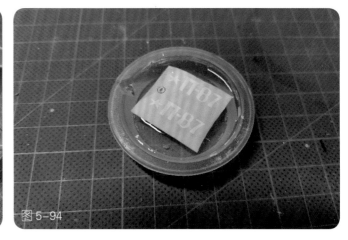

图5-94

可以用湿润的毛笔在水贴正面轻轻涂抹，加快水贴与底纸脱离的速度，如图5-95至图5-97所示。

用白色AV漆笔涂坦克标识，选择合适宽度的笔，尽量一笔完成，如有些许弯曲，也不必太过在意，如图5-98至图5-101所示。

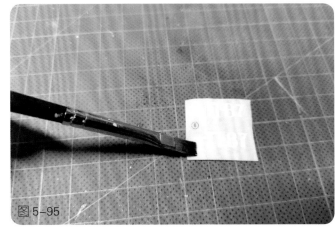

图 5-95

图 5-96

图 5-97

图 5-98

图 5-99

图 5-100

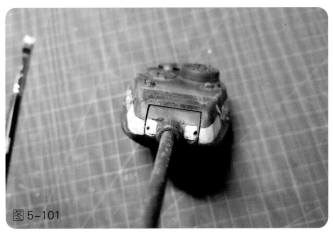

图 5-101

坦克后部虽然要添加包裹，但也不要忘记涂装白色标识，如图5-102所示。

使用白色、黄色油画颜料在坦克表面点出散点，如图5-103至图5-108所示。

图 5-102

图 5-103

图 5-104

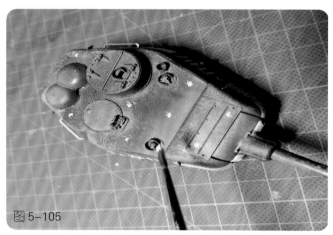

图 5-105

图 5-106

图 5-107

图 5-108

再用松节油稀释后垂直向下刷，做出褪色效果，注意两个颜料不要完全混合，如图5-109至图5-111所示。

如果在平面操作的话，直接把油画颜料附近用松节油晕染即可，如图5-112至图5-115所示。

图 5-109

图 5-110

图 5-111

图 5-112

图 5-113

图 5-114

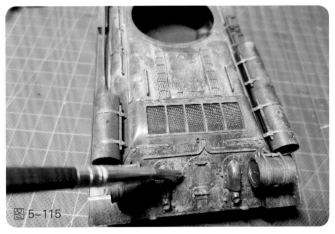

图 5-115

使用稀释后的熟褐色油画颜料在坦克接缝和凹陷处点涂，做出渗线效果，如图5-116至图5-118所示。

渗线区域包括炮塔的焊接缝、舱盖四周，如图5-119至图5-121所示。

机枪的边缘、挡泥板的接缝处、坦克后部的凹陷部分，都要做出渗线效果，如图5-122至图5-124所示。

渗线完毕后的效果，如图5-125与图5-126所示。

为坦克油桶制作锈蚀效果。本次为了节省时间，没有使用发胶掉漆法，采用海绵掉漆方法来制作锈蚀效果，如图5-127至图5-129所示。

图5-116

图5-117

图5-118

图5-119

图5-120

图5-121

图 5-122

图 5-123

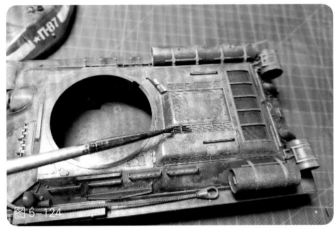

图 5-124

图 5-125

图 5-126

图 5-127

图 5-128

图 5-129

用海绵把几种颜色交替涂抹在油桶部分。模拟真实锈蚀效果，如图5-130与图5-131所示。

使用银色油画颜料在油桶边缘薄薄扫上一层，做出金属露出质感，如图5-132至图5-135所示。

采用深土壤色和土黄色天然土混合渍洗液，给陆轮上色，如图5-136至图5-138所示。

图5-130

图5-131

图5-132

图5-133

图5-134

图5-135

图5-136

图5-137

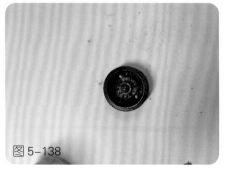

图5-138

为了加快速度，可以将渍洗液先滴入轮子中间，再用天然土覆盖，如图5-139至图5-141所示。

坦克翼子板下方也容易堆积尘土，仍用此方法进行操作，如图5-142至图5-145所示。

图 5-139

图 5-140

图 5-141

图 5-142

图 5-143

图 5-144

图 5-145

使用银色和黑色混合成枪铁色，给钢缆、机枪、锯条上色，如图5-146至图5-148所示。

涂装后的效果如图5-149与图5-150所示。

使用德国黑褐色与银色混合，为坦克附件进行上色，该颜色也适用于所有备用履带的上色，如图5-151与图5-152所示。

图5-146

图5-147

图5-148

图5-149

图5-150

图5-151

图5-152

使用两种渍洗液对油桶进行旧化，模拟渗油效果，如图5-153至图5-156所示。

使用铁锈色和烟黑色为坦克排气管和炮口做旧化涂装，如图5-157至图5-159所示。

图 5-153

图 5-154

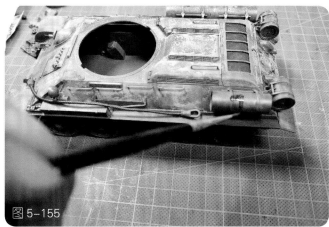

图 5-155

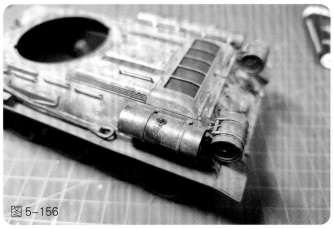

图 5-156

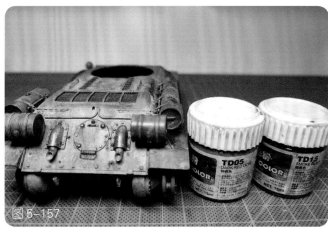

图 5-157

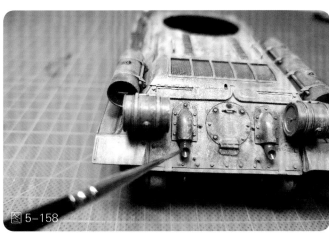

图 5-158

图 5-159

使用透明蓝色为潜望镜的透明件上色，如图5-160与图5-161所示。

选用钢丝床蚀刻片给模型添加氛围和细节。由于会影响兵人摆放，这里只选用少量蚀刻片进行操作。用笔刀小心地切开蚀刻片与流道的连接点。使用瞬间胶（502）胶水黏贴蚀刻片，如图5-162至图5-164所示。

蚀刻片的弯折一定要多加小心，必要时选择专用的弯折工具，如图5-165至图5-167所示。

在蚀刻片上面喷涂发胶，然后用铁锈色、土黄色以及天然土固定液交错涂抹，形成锈蚀效果，如图5-168至图5-170所示。

使用田宫AB补土制作一个包裹，按照1:1的比例混合。如果觉得补土发硬，也可以用吹风机加热后再操作，如图5-171至图5-173所示。

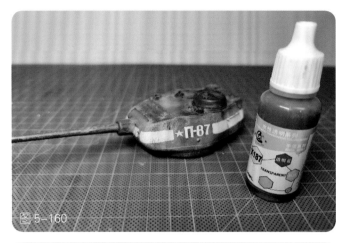
图5-160

图5-161

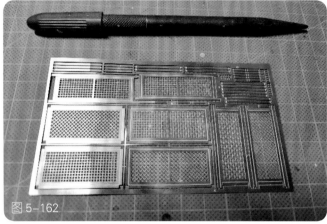
图5-162

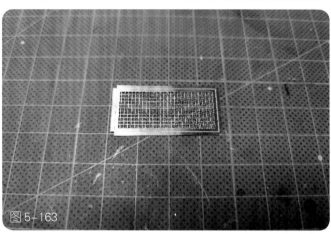
图5-163

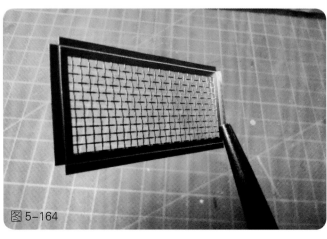
图5-164

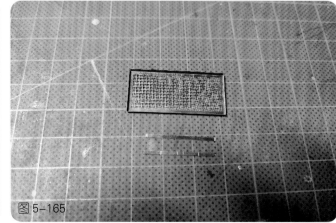
图5-165

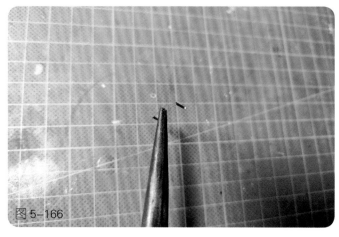

图 5-166

图 5-167

图 5-168

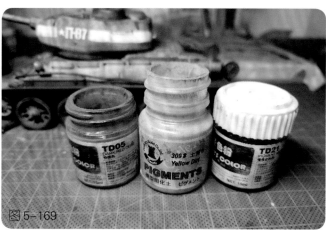

图 5-169

图 5-170

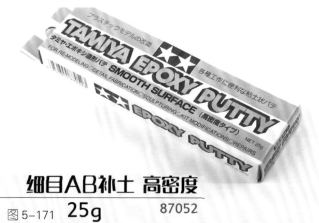

图 5-171　25g　87052

图 5-172

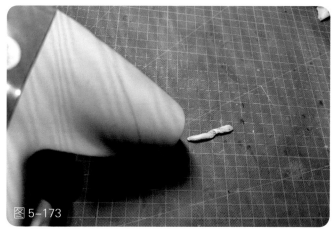

图 5-173

将AB补土蘸水后用马克笔碾平，再用剪刀修形，如图5-174至图5-176所示。

为了保持包裹的整体形状，可以在包裹里面放一段废弃的流道，外侧用线缠绕模拟捆绑效果，如图5-177至图5-181所示。

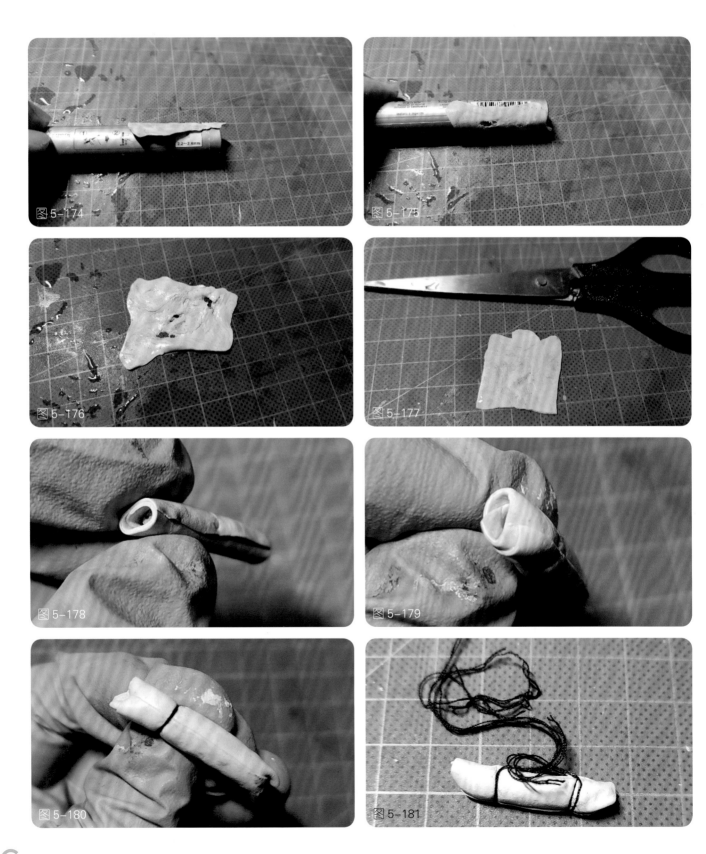

图5-174

图5-175

图5-176

图5-177

图5-178

图5-179

图5-180

图5-181

用棉签蘸取银色油画颜料给钢缆、履带以及部分金属部位进行二次扫涂，让其更有金属质感，如图5–182至图5–184所示。

完成后的效果如图5–185至图5–187所示。

使用卫生纸为坦克制作一块布料，丰富整体细节。把布料折叠成想要的效果后，用木工白胶固定，之后涂上需要的颜色即可，如图5–188与图5–189所示。

图5–182

图5–183

图5–184

图5–185

图5–186

图5–187

图5–188

图5–189

5.3　T-34/85 坦克的场景制作

5.3.1　地台的制作

　　地台底座选用尺寸合适的相框，将相框背板取出，涂抹适量木工白胶与木框黏接，如图5-190与图5-191所示。

　　关于建筑场景的上色，本次采用的建筑模型为树脂材质，喷涂水补土后，用田宫水性漆上色。用黄色（XF-3）与白色（XF-60），适量混合调配出浅黄色，直接喷涂在墙壁表面，如图5-192至图5-195所示。

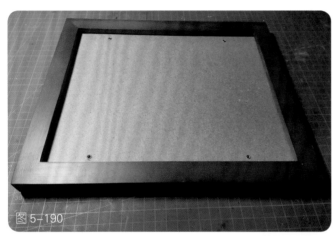

图 5-190

图 5-191

图 5-192

图 5-193

图 5-194

图 5-195

使用木色为窗户边框和木门上色。没有合适颜色的话，可以自己调配，如图5-196至图5-198所示。

图5-196

把载玻片盖片压碎后贴在窗户上，模拟真实的玻璃碎裂效果。操作时务必保障安全，别割伤手指，如图5-199所示。

使用油画颜料在木门凸起部分画出色差，如图5-200至图5-202所示。

图5-197

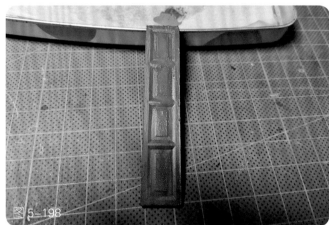
图5-198

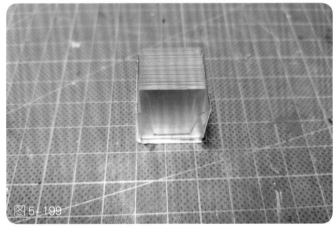
图5-199

图5-200

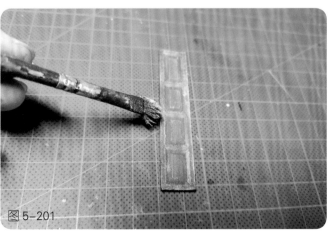
图5-201

图5-202

用4种油画颜料给砖头露出区域上色。注意油画颜料干燥时间长，通常要等几天，待其干透再进行下一步操作。当然也可以选择其他颜料，如图5-203与图5-204所示。

使用德国灰混合白色调出浅灰色，用海绵蘸取在墙面上按压，做出掉漆效果，如图5-205与图5-206所示。

把白色油画颜料充分稀释后，涂抹在砖块区渗入砖缝中，如图5-207至图5-209所示。

图 5-203

图 5-204

图 5-205

图 5-206

图 5-207

图 5-208

图 5-209

　　测量尺寸，将定制的白色字母贴纸贴在门头上，如图5-210至图5-212所示。

　　为整个建筑喷涂一层保护漆后，继续上述掉漆操作，直到颜色合适为止，如图5-213与图5-214所示。

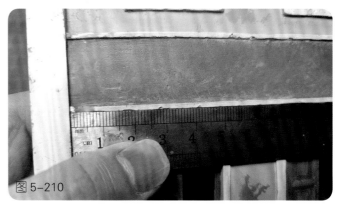

图 5-210

图 5-211

图 5-212

图 5-213

图 5-214

5.3.2　场景配件的制作

　　找到粗细合适的铜丝，剪出同样长度的三根，并行排列，如图5-215至图5-217所示。

图 5-215

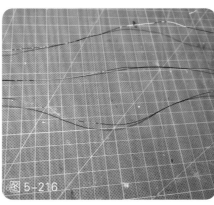

图 5-216

图 5-217

把三根铜丝拧在一起，每隔2.5厘米打一个结，如图5-218至图5-221所示。

完成后，将每段剪断一根铜丝，立起来做出针刺状态。如果觉得针刺过长的话可以多绕几圈，如图5-222至图5-224所示。

图 5-218

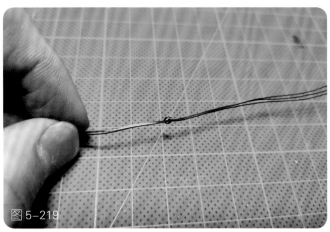

图 5-219

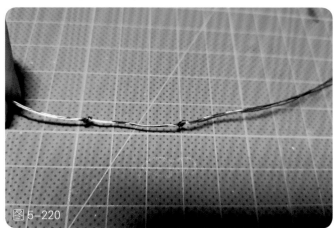

图 5-220

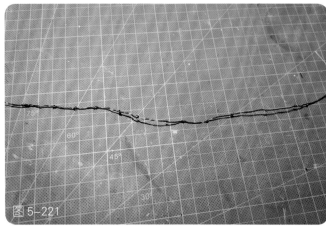

图 5-221

图 5-222

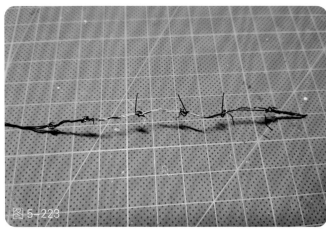

图 5-223

图 5-224

之后再将铁丝网弯曲做成缠绕状，效果如图5-225与图5-226所示。

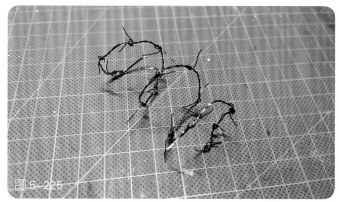
图 5-225

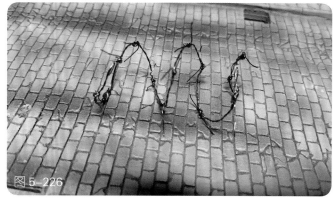
图 5-226

5.3.3　电线杆的制作

　　使用MiniArt套件中的电线零件、圆木棒以及木条制作电线杆。木棒本身的木纹纹理会给模型带来真实感。用瞬间胶（502）黏结完毕后，直接用防腐木油给木质部分上色即可，如图5-227至图5-229所示。

　　用德国黑褐色加银色为电线杆金属区域上色，如图5-230与图5-231所示。

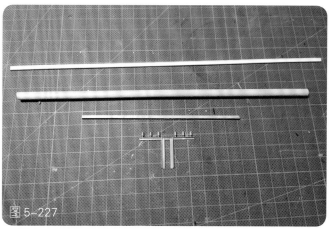
图 5-227

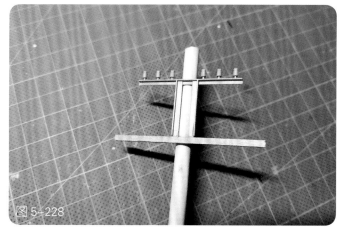
图 5-228

图 5-229

图 5-230

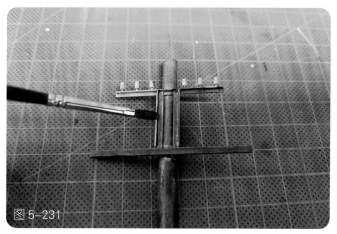
图 5-231

用白色给电线杆瓷瓶上色，如图5-232至图5-234所示。

使用黑色废弃流道，用打火机在流道下方加热后做出拉丝，选择粗细合适的丝线黏结在瓷瓶上，模拟垂落的电线，如图5-235至图5-237所示。

图 5-232

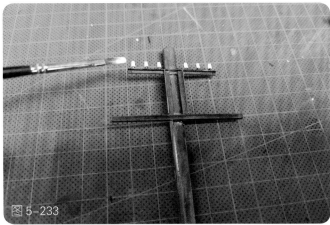

图 5-233

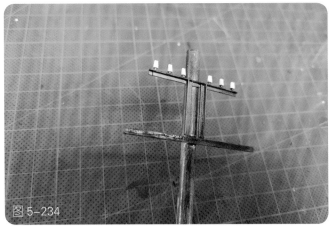

图 5-234

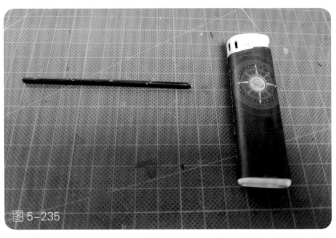

图 5-235

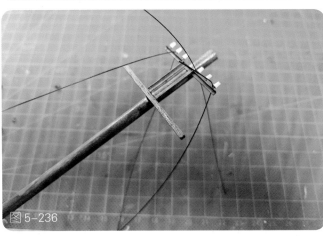

图 5-236

图 5-237

5.3.4　坦克路障的制作

选用ABS工形棒，每5厘米切割一段，用瞬间胶（502）交错黏合，如图5-238至图5-240所示。

用德国灰色为其喷涂上色，根据本次场景需要，做出2套即可，如图5-241与图5-242所示。

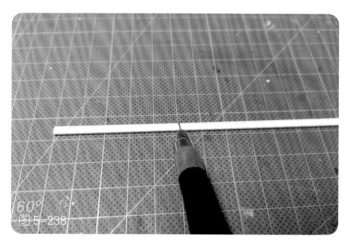

图5-238

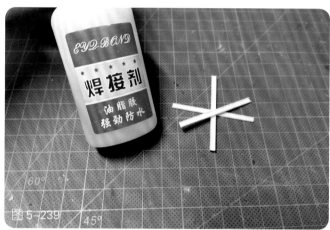

图5-239

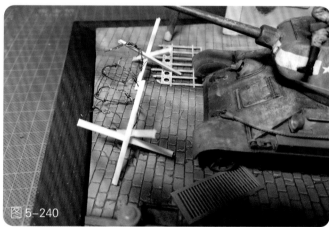

图5-240

图5-241

图5-242

5.3.5　岗亭的制作

　　使用薄桐木片制作一个岗亭。先用铅笔在木片上做出裁剪标记，用笔刀小心切割，用镊子背面在木片上划出拼接接缝，如图5-243至图5-245所示。

　　桐木片材质偏软，切割时注意别破坏形状，处理完的零件效果，如图5-246至图5-248所示。

　　用瞬间胶黏合后在顶部做出部分缺损的状态，为后期旧化做好基础工作，如图5-249至图5-251所示。

　　完成的效果如图5-252至图5-254所示。

　　用防腐木油为岗亭上好底色，如图5-255与图5-256所示。

图5-243

图5-244

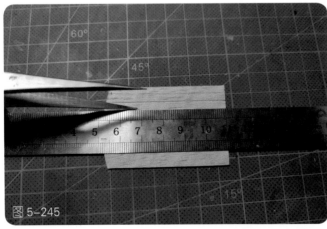

图5-245

图5-246

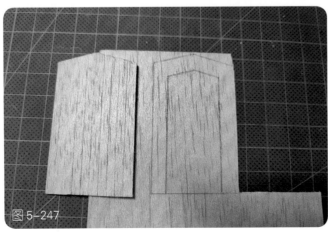

图5-247

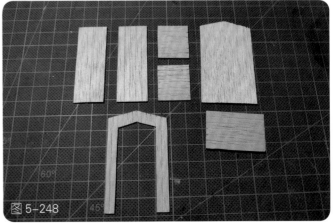

图5-248

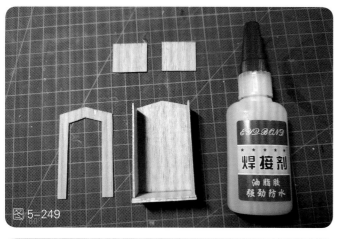

图 5-249

图 5-250

图 5-251

图 5-252

图 5-253

图 5-254

图 5-255

图 5-256

使用白色漆通喷岗亭，这里选择的是田宫白色水性漆XF-2，如图5-257至图5-259所示。

之后用遮盖带贴好预留位置，对白色进行保护。定点遮盖是个烦琐的过程，操作一定要耐心，如图5-260至图5-262所示。

正面和侧面的遮盖效果，如图5-263至图5-265所示。

为未遮盖区域喷涂红色，如图5-266至图5-268所示。

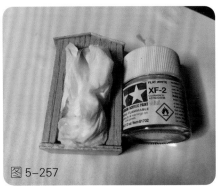

图 5-257

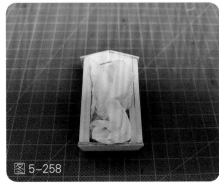

图 5-258

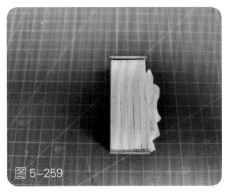

图 5-259

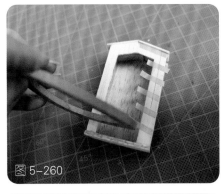

图 5-260

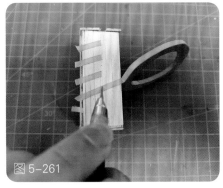

图 5-261

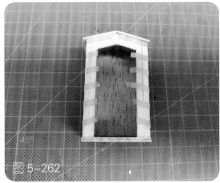

图 5-262

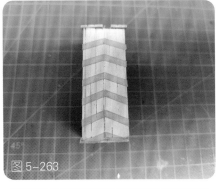

图 5-263

图 5-264

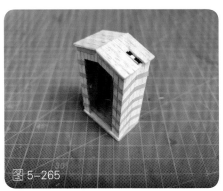

图 5-265

图 5-266

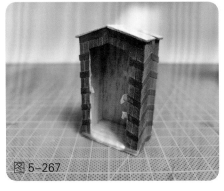

图 5-267

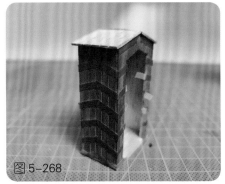

图 5-268

之后将预留位置的红色进行遮盖，按照上述方法对未遮盖区域喷涂黑色。为了保障岗亭内部不被喷涂，可以用卫生纸进行内部填充，如图5-269至图5-271所示。

喷涂完毕后，取出遮盖的卫生纸如图5-272与图5-273所示。

用海绵蘸取少量酒精，做出磨损掉漆效果，轻轻剐蹭即可，切忌用力操作，否则会把漆面弄花，如图5-274至图5-277所示。

采用德国灰色为屋顶上色后，用400号砂纸打磨整体做第二次磨损掉漆处理，如图5-278至图5-280所示。

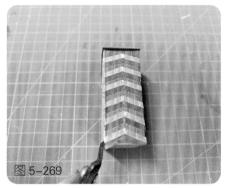
图5-269

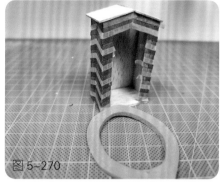
图5-270

图5-271

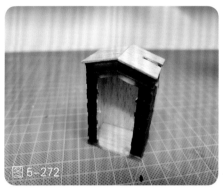
图5-272

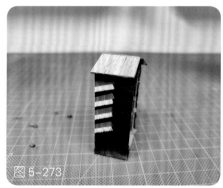
图5-273

图5-274

图5-275

图5-276

图5-277

图5-278

图5-279

图5-280

5.3.6 岗亭抬杆的制作

抬杆同样可以选择木质材料制作，如果手上没有合适的原料，也可以将废弃流道切割打磨后来制作，如图5-281所示。

为抬杆喷涂迷彩黄色，模拟木色。之后用红、黑、白三种颜色交替涂装，最后再用砂纸打磨，露出木色，模拟真实旧化效果，如图5-282至图5-285所示。

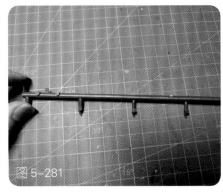

图5-281

图5-282

图5-283

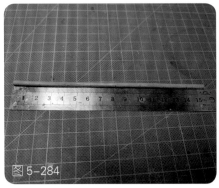

图5-284

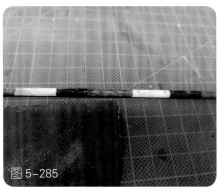

图5-285

5.3.7 其他配件的制作

木箱和消防栓分别喷涂迷彩黄色和红色即可。为了体现消防栓的光泽感，在涂装完成后再喷涂一层亮光保护漆。在适当位置点涂德国黑褐色，模拟磨损掉漆效果，如图5-286至图5-289所示。

图5-286

图5-287

图5-288

图5-289

5.4　制作场景废墟及整体旧化润色

场景废墟主要由碎砖块、建筑木材以及碎石三部分组成。砖块是选购的比例为1:35的红砖模型成品，用剪钳将其剪成不规则形状，混合一些木碎片，如图5-290与图5-291所示。

用石膏粉加水混合后，在建筑下方以及路障部位铺设石膏，将混合的碎砖头和木碎片覆盖到石膏上方。如果感到某些区域过于平滑，可以用养花的营养土在表面覆盖一层，以此来模拟碎石效果，如图5-292至图5-295所示。

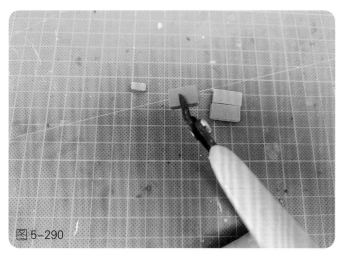

图 5-290

图 5-291

图 5-292

图 5-293

图 5-294

图 5-295

使用滴管吸取稀释后的白胶给废墟表面上胶加固,如图5-296至图5-299所示。

注意上胶时不要遗漏石膏块和红砖块结合的部位,如图5-300与图5-301所示。

图 5-296

图 5-297

图 5-298

图 5-299

图 5-300

图 5-301

使用土黄色作为主色给废墟整体上色，然后用褐色进行渍洗，如图5–302与图5–303所示。

把橄榄绿色油画颜料稀释后为建筑凹陷处、砖缝处渍洗旧化，如图5–304至图5–307所示。

图 5–302

图 5–303

图 5–304

图 5–305

图 5–306

图 5–307

　　用棉签从上至下刷，做出留痕效果。底部废墟结合处可以多加旧化液（绿色），如图5-308至图5-311所示。

　　使用白色、橄榄绿色、骨白色AV漆调制不同颜色为路面上色，在路面石块上做出色差，如图5-312至图5-315所示。

图5-308

图5-309

图5-310

图5-311

图5-312

图5-313

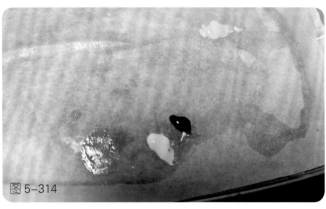
图5-314

图5-315

如果想要更好的效果，可以将路面的颜色再丰富一层，做出更多的色差，如图5-316与图5-317所示。

整体模型制作接近尾声，对一些不满意的地方再加以润色，将用松节油稀释后的天然土涂抹在废墟与路面结合部以及岗亭屋顶，做出旧化的自然过渡效果，如图5-318至图5-320所示。

图 5-316

图 5-317

图 5-318

图 5-319

图 5-320

坦克模型旧化指南

在路面缝隙添加营养土，模拟真实泥土堆积的效果，如图5-321至图5-324所示。

图5-321

图5-322

图5-323

图5-324

用白色加透明黄油画颜料给路面做干扫处理，给井盖等配件上色。虽然摆上坦克后也许会把这些细节挡住，但还是需要认真制作，如图5-325至图5-329所示。

图5-325

图5-326

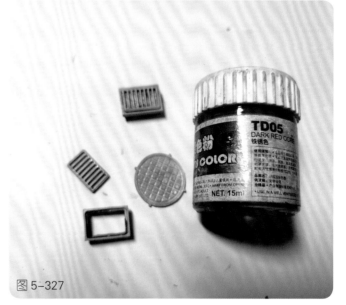
图5-327

图5-328

图5-329

完整场景及细节展示，如图5-330至图5-333所示。

图 5-330

图 5-331

图 5-332

图 5-333

结尾问答

手钻和电钻的选择
模型制作者们经常遇到这样的选择题，这里的建议是一般的军模制作需求手钻就可以满足了，如果要频繁地钻孔改造，可选择电钻。

模型旧化液和油画类旧化产品的选择
模型旧化液成品有着较为丰富的产品线，自身附着性也比油画颜料（油画类旧化产品）要好，使用便利，无需再进行调制。但作为成品也有同类产品一致的问题，颜色较为单一，给制作者自由发挥的空间较小。而油画类旧化产品，价格相对低廉，干燥速度慢，便于反复调整多层次的颜色，更适合大面积的色调调整或渍洗。可根据自身需要选择合适的产品。

油画稀释液的选择
无味松节油、zippo打火机油、怀炉油、田宫X20溶剂等产品，均可以作为模型旧化当中稀释油画的稀释液，各有各的特点。无味松节油干燥速度较慢，适合需要多次调整的旧化场景；怀炉油干燥速度快，适合速涂；田宫X20溶剂细腻且附着性好，但气味较大。一般常备松节油和怀炉油即可满足基本需求。

天然土的选择
市面上的天然土（模型旧化土）的主要区别是颗粒细腻程度以及晕染的覆盖力。一般选择MIG或卡斯特等品牌都是易于操作的。当然颗粒大的天然土也并非是缺点，我们可以把其特性运用到特定的部位，比如坦克下前部底盘处等。

喷笔的选择
喷笔的价格差异较大，对于1∶35坦克模型日常制作来说，一只0.3mm口径的国产喷笔即可满足基本需求。如要追求更高阶的迷彩喷涂和兵人手办喷涂，可以选择品质更好的进口喷笔（如德国或日本制），从而提高工作效率。

毛笔的选择
坦克模型离不开笔涂，尤其是坦克配件和兵人的涂装更是需要得心应手的勾线笔。推荐使用西伯利亚貂毛笔，虽然售价偏高，但可大大增强笔涂效果。达·芬奇、华虹品牌都有相关产品。

场景模型底座的选择
书中的模型样例底座大部分为相框，也可以定制特殊尺寸的底座，或者自己制作。相较于底座，更重要的是模型整体的布局，先想好模型的呈现情况，再根据尺寸选择合适的底座产品。

模型套件的选择
预算条件允许的情况下，建议选择细节更为丰富的套件，不仅能够给模型增加细节，而且制作会更加顺畅。

把精力花在组装上还是涂装上
模型组装和涂装是一个线性流程，尤其在坦克模型制作中最为明显。组装阶段没有制作好，会给后面的涂装旧化造成困扰。如果非要二选一的话，我更愿意选择涂装，虽然优异的组装也会给模型增添很多细节，比如蚀刻片的制作，但如果涂装旧化没有跟上的话，也不能算一件优秀的作品。

旧化涂装难度太大，有没有更适合模型新手的教程
请详见我的另一本书《Q版海陆空模型涂装与场景制作指南》，相信你会找到答案的。